SAMMLUNG GÖSCHEN BAND 103

INDUSTRIE- UND BETRIEBSSOZIOLOGIE

von

PROF. DR. RALF DAHRENDORF, PH.D.
Universität Tübingen

2., umgearbeitete und erweiterte Auflage

WALTER DE GRUYTER & CO.
vormals G. J. Göschen'sche Verlagshandlung · J. Guttentag, Verlagsbuchhandlung · Georg Reimer · Karl J. Trübner · Veit & Comp.

BERLIN 1962

 — Archiv-Nr. 7580621. — Satz und Druck: Paul Funk, Berlin W 30. — Printed in Germany.

Inhalt

I. Begriff, Gegenstand, Methoden und Ziele der Industrie- und Betriebssoziologie

1. Begriff und Gegenstand

Nicht ohne Grund spricht der Soziologe von den Gesellschaften der westeuropäischen, nordamerikanischen und auch schon russischen Gegenwart als industriellen Gesellschaften. Die zunächst bloß technisch-ökonomische Tatsache, daß die Güterproduktion sich in Fabriken und unter Verwendung mechanischer Hilfsmittel der verschiedensten Art vollzieht, wirkt bis in die intimsten Bereiche des sozialen Lebens der Menschen in diesen Gesellschaften hinein. Mindestens jeder zweite Erwachsene verdient in der Industrie, als Arbeiter, Angestellter oder Unternehmer, seinen Lebensunterhalt; nahezu alle Menschen in industriellen Gesellschaften sind mittelbar abhängig von der Industrie, ihren Produktionseinrichtungen und -leistungen, ihrer technischen Entwicklung und ihrem wirtschaftlichen Schicksal. Die Mechanisierung des gesamten Lebens, das Wachsen von Großstädten und die Konzentration von Menschenmassen, der Aufbruch der festgefügten Familieneinheit vorindustrieller Zeit, die Entstehung gesellschaftlicher Konflikte und Spannungen zwischen Unternehmern und Arbeitern — all dies und vieles mehr sind Folgen oder Begleiterscheinungen der industriellen Produktion. So kann es kaum Wunder nehmen, daß der Zweig der Soziologie, der die Industrie und den Industriebetrieb zum Forschungsgegenstand hat, in den letzten Jahren fast schneller gewachsen ist als sein Stamm, die allgemeine Soziologie. „In dem Interesse an Soziologie drückt sich immer auch das an derjenigen Gesellschaft aus, in der man lebt“[1]). Die Gesellschaft aber, in der wir leben, erhält ihr Gepräge durch die Industrie.

Wenn die Soziologie um die Beschreibung und Erklärung des sozialen Handelns in Allgemeinheit bemüht ist, so hat die Industrie- und Betriebssoziologie es mit dem Aus-

---

1) A. Gehlen und H. Schelsky (Hg.): Soziologie (Düsseldorf-Köln 1955); Vorbemerkung, S. 9.

schnitt des sozialen Handelns zu tun, der durch die industrielle Güterproduktion gegeben ist. Sie ist insofern, in den Worten des amerikanischen Industriesoziologen *W. E. Moore*, „die Anwendung soziologischer (oder sozialwissenschaftlicher) Prinzipien auf die Analyse eines konkreten Satzes sozialer Beziehungen"[2]). Doch birgt die Rede von der Industrie- und Betriebssoziologie als einer „angewandten Wissenschaft" die Gefahr ihres Mißverständnisses als einer Disziplin, die nicht auf die Erkenntnis, sondern die aktive Veränderung der Wirklichkeit abzielt. Dagegen gilt es, ganz klar zu halten, daß „sich dieser Begriff der ‚Angewandtheit' keineswegs darauf [bezieht], daß der Inhalt dieser Spezialdisziplin darin bestünde, praktische Ratschläge und Lösungen vorzutragen, also im wissenschaftlichen Sinne eine Politik zu sein, sondern er bedeutet, daß hier die allgemeinen Theorien der systematischen Soziologie auf spezielle Tatbestände und Teilgebiete der gesellschaftlichen Wirklichkeit angewendet werden". Um dieses Mißverständnis zu vermeiden, scheint es sinnvoll, *H. Schelskys* Folgerung zuzustimmen: „Man spräche also besser von ‚speziellen Soziologien'"[3]).

Als solche spezielle Soziologie, die einen eigenen Anspruch auf verallgemeinernde Theorienbildung in einem Unterbereich der Soziologie anmeldet, hat die Industrie- und Betriebssoziologie allerdings einen merkwürdigen Status: Ihr Gegenstand ist nicht ein systematisch abtrennbarer Ausschnitt des Gesamtbereiches der Soziologie, sondern selbst Produkt historischer Entwicklung. Formen der Familie, der Wirtschaft, der Politik gibt es, wo immer Menschen in Gesellschaft leben; insofern sind Familien-, Wirtschafts- und politische Soziologie echte spezielle Soziologien. Industrie und Industriebetriebe dagegen gibt es erst seit höchstens zwei Jahrhunderten und auch heute noch nicht

---

2) Industrial Relations and the Social Order (New York 1946); S. 4.

3) Aufgaben und Grenzen der Betriebssoziologie; in: H. Böhrs und H. Schelsky: Die Aufgaben der Betriebssoziologie und der Arbeitswissenschaften (Stuttgart-Düsseldorf 1954); S. 7. Ähnlich auch H. Maus: Soziologie; in: W. Schuder (Hg.): Universitas Litterarum (Berlin 1955); S. 312 f.

in allen Teilen der Welt. So ist die Industrie- und Betriebssoziologie auf eine bestimmte Periode der Sozialgeschichte bezogen und, genau genommen, nicht eine „spezielle Soziologie", sondern eine „spezielle Soziologie der industriellen Gesellschaft".

Es ist gelegentlich versucht worden, die Anomalie, die sich aus dem Widerspruch des Anspruches der Industrie- und Betriebssoziologie auf eine relativ selbständige Stellung neben anderen speziellen Soziologien und ihrer historischen Bezogenheit ergibt, dadurch zu beseitigen, daß diese Disziplin in eine echte spezielle Soziologie einbezogen wird. So hat schon *L. von Wiese* sie der Wirtschaftssoziologie als der um die Erforschung des „zwischenmenschlichen Lebens auf dem Gebiete planmäßiger Unterhaltsfürsorge" bemühten Disziplin unterordnen wollen[4]). Deutsche Betriebssoziologen sind in ganz ähnlicher Absicht häufig von so formalen Definitionen des Betriebes ausgegangen, daß landwirtschaftliche und handwerkliche Betriebe, ja, jede „Sachen- und Menschenordnung für den Vollzug von Arbeitsgängen" *(L. H. A. Geck*[5]*)* in dieser Disziplin Platz finden. Solche Versuche sind systematisch ohne Zweifel sinnvoll. Zumal nachdem die beiden echten Spezialsoziologien der „Wirtschaftssoziologie" und der „Organisationssoziologie" in den letzten Jahren zu erheblicher Blüte entwickelt worden sind[6]), könnte man meinen, daß der Eigenständigkeit der Industrie- und Betriebssoziologie eigentlich der Boden entzogen sei. Doch hält sich auch die Entwicklung der Wissenschaften nicht immer an solche systematischen Prinzipien. Tatsächlich gibt es eine ausgebildete Industrie- und Betriebssoziologie. Unter Berücksichtigung allgemeiner wirtschaftlicher Zusammenhänge

---

4) System der allgemeinen Soziologie (2. Aufl., München-Leipzig 1933); S. 627, 628, 630 f. Hier auch zuerst der dann von anderen aufgenommene Begriff von „speziellen Soziologien". Vgl. H. Maus, a.a.O.

5) Artikel Betrieb (Betriebssoziologie); in: W. Bernsdorf und F. Bülow (Hg.): Wörterbuch der Soziologie (Stuttgart 1955); S. 57

6) Vgl. dazu jetzt F. Fürstenberg: Wirtschaftssoziologie (Berlin 1961) und R. Mayntz: Die Organisationssoziologie und ihre Beziehungen zur Organisationslehre, in E. Schnaufer und K. Agthe (Hg.): Organisation (Berlin-Baden-Baden 1961).

wie der Gesetzlichkeiten aller sozialen Organisationsformen und doch in bewußter Absonderung aus diesem Kontext hat sich die Erforschung der Sozialstruktur der modernen Fabrikindustrie zu einer eigenen Disziplin entwickelt.

Auch der Begriff der Industrie erlaubt indes noch mehrfache Deutung. „Im allgemeinsten Sinn mag man von der Industrie als gleichbedeutend mit der Produktion von Gütern und Dienstleistungen sprechen — praktisch synonym mit ‚wirtschaftlicher Organisation'. Spezifischer wird der Begriff der Industrie gebraucht, um die geordnete Güterproduktion zu bezeichnen, zum Unterschied von finanziellen und kommerziellen Tätigkeiten. In einem noch begrenzteren Sinn bezieht der Begriff der Industrie sich auf rohstoffgewinnende und -weiterverarbeitende Tätigkeiten, die gewöhnlich die Anwendung mechanischer Kraft verlangen"[7]). Industrie in diesem letzteren Sinne bildet den Gegenstand der Industrie- und Betriebssoziologie. Sie ist die spezielle Soziologie noch zu bestimmender Probleme innerhalb der mechanisierten Güterproduktion in Bergwerken, Hütten und Fabriken, wie diese sich seit der industriellen Revolution im späten 18. Jahrhundert in vielen Ländern der Welt entwickelt hat.

Wie die Soziologie keine Universalwissenschaft vom Menschen in Gesellschaft, so ist auch die Industrie- und Betriebssoziologie keine Universalwissenschaft von der Industrie. Volks- und Betriebswirtschaftslehre, die technologischen Disziplinen, gewisse Zweige der Physik und der Chemie haben ihr eigenes Interesse an der Industrie. Auch in der Begrenzung auf Probleme des Menschen im Industriebetrieb hat die Industriesoziologie eine Reihe von anspruchsvollen Nachbarn: die sogenannten Arbeitswissenschaften wie Arbeitsmedizin, Arbeitsphysiologie, Arbeitspädagogik, vor allem aber die Industrie- und Arbeitspsychologie. Durch ihre Problemstellung wie durch ihre Forschungstechniken ist die Industriesoziologie von diesen Disziplinen abgegrenzt, und von hier aus soll daher auch im

---

7) W. E. Moore: a.a.O., S. 5.

folgenden die nähere Bestimmung von „Gegenstand" und „Methoden" der Industrie- und Betriebssoziologie vorgenommen werden.

Die Darstellung der Thematik einer wissenschaftlichen Disziplin ist nie so systematisch wie sie durch die Aufzählung von Bereichen erscheinen könnte; doch läßt die große Mehrzahl der industriesoziologischen Forschungen sich unter den folgenden Stichworten fassen (deren jedem unten ein eigenes Kapitel gewidmet werden soll):

1. Sozialgeschichte der Industrie (Kap. III).
2. Das Sozialsystem des Industriebetriebes (Kap. IV).
3. Betriebliche und industrielle Konflikte (Kap. V).
4. Soziologie der industriellen Arbeit (Kap. VI).
5. Industrie und Gesellschaft (Kap. VII).

Man könnte meinen, daß der erste und der letzte dieser Problembereiche eher am Rande der speziellen Disziplin einer Industrie- und Betriebssoziologie ihren Ort haben. Das ist methodisch sicher richtig, insoweit diese beiden Themenkreise die in ihrem Gegenstand eher begrenzte Betriebssoziologie mit den weiteren Fragen der Geschichte sowie der allgemeinen Soziologie verknüpfen. Doch sind beide Richtungen der Ausweitung — die übrigens in der älteren Soziologie, als man industriesoziologische Fragen noch unter Titeln wie „Sozialgeschichte der industriellen Arbeitswelt" oder „Wirtschaft und Gesellschaft" behandelte, selbstverständlich waren — nötig, wenn die Industrie- und Betriebssoziologie nicht in der empirisch willkürlichen Beschränkung auf bloß gegenwärtige und bloß innerbetriebliche Fragen verkümmern soll.

Unter der Sozialgeschichte der Industrie ist hier nicht so sehr die beschreibende Darstellung wirtschaftlicher Entwicklungen seit der „industriellen Revolution" als vielmehr die Anwendung soziologischer Kategorien und Theorien auf industrielle Entwicklungsprozesse zu verstehen — eine Anwendung, die von der Absicht geleitet sein sollte, typische Entwicklungslinien herauszuarbeiten. Eine solche verallgemeinernde Geschichtsschreibung (wenn diese paradoxe Formulierung gestattet ist) ist notwendiger Hintergrund jeder eher querschnitthaften Analyse der Betriebsstruktur, die als solche ja im Augenblick ihrer Durchführung immer schon veraltet sein muß: Menschliche Gesellschaft ist stets geschichtliche Gesellschaft.

Die Kernproblematik der industrie- und betriebssoziologischen Analyse läßt sich in Analogie zur allgemeinen Soziologie unter zwei Aspekten begreifen: dem der Einheit und Integration industrieller Betriebe und dem ihrer inneren Spannungen und Konflikte. Im Hinblick auf den Integrationsaspekt ergänzt die Industrie- und Betriebssoziologie die betriebswirtschaftliche Organisationslehre. Gleich dieser geht auch die Soziologie von dem Netz sozialer Positionen aus, das industrielle Betriebe strukturiert. Doch greift der Soziologe an mehreren Punkten über diese formal-schematische Betrachtung hinaus: zu den sozialen Rollen, d.h. den verfestigten Erwartungen, die sich an soziale Positionen knüpfen; zu den oft ungeplanten („informellen") Gruppenbildungen, die nicht selten den Organisationsplan durchkreuzen; zum Verhalten von Menschen zu ihren Rollen, das zum Anlaß des Wandels betrieblicher Strukturen werden kann; zu sozialen Strukturen, die jenseits und unabhängig von den wirtschaftlichen Zwecken der Betriebsorganisation bestehen. Alle diese Elemente lassen sich als Aspekte des Funktionierens der Betriebsorganisation, also unter dem Gesichtspunkt des organisatorischen Gleichgewichts betrachten. Hier erscheint der Betrieb als soziales System.

Der Beitrag zu unserer Kenntnis von Industrie und Industriebetrieb, den nur die Soziologie zu leisten vermag, bei dem sie also mit keiner anderen Disziplin konkurriert ,liegt jedoch auf dem Gebiet der Erforschung betrieblicher und industrieller Konflikte. Lange Zeit hat auch die Soziologie die Aufgabe vernachlässigt, die Ursachen, Entwicklungen, Gesetzlichkeiten und Möglichkeiten der Regelung betrieblicher und industrieller Konflikte zu erforschen. In den letzten Jahren ist dieses Versäumnis jedoch aufgeholt worden, so daß heute die Problematik — wie gerne gesagt wird — der „industriellen Beziehungen" im Mittelpunkt industriesoziologischer Forschung steht.

Sieht man sich die industrie- und betriebssoziologischen Forschungen der letzten Jahrzehnte an, so zeigt sich indes, daß viele von diesen sich nicht ohne weiteres in die beiden Aspekte betrieblicher Strukturanalyse einordnen lassen. Man könnte sogar meinen, daß der traditionelle Gegenstand der Disziplin auf ganz anderem Gebiet liegt: auf dem der Erforschung des Verhältnisses von „Technik und Industriearbeit", vom „Verhalten der Verbraucher und Unternehmer", von „Mechanisierungsgrad und Entlohnungsform", von „Arbeitsfreude, Arbeitsinteresse und Arbeitszufriedenheit", von „Leistungsanreizen" und „Betriebsklima" (um die Themen durch Titel von Veröffentlichungen aus den letzten Jahren anzudeuten[8]). Tatsächlich ist das wirtschaftliche Verhalten in betrieblichen und industriellen Zusammenhängen, ist insbesondere das Gebiet der sog. „Arbeitssoziologie", einer der großen traditionellen Gegenstände insbesondere der kontinentaleuropäischen Industrie- und Betriebssoziologie, an dem keine Darstellung der Disziplin vorübergehen darf.

Am wenigsten scharf läßt sich der letzte Themenkreis, der des Verhältnisses von Industrie und Gesellschaft, abgrenzen. Zu Recht forderte *H. Schelsky* schon vor Jahren, „daß die Industrie- und Betriebssoziologie ihre Neigung, den Betrieb als verhältnismäßig isoliertes soziales Gebilde anzusehen, in dessen Binnenzusammenhang man die sozialen Fragen autonom erfassen könne, bekämpft und die ihr eigentümliche und von keiner anderen Disziplin der Arbeitswissenschaften abzunehmende Aufgabe ergreift, die Betriebsprobleme gerade in ihrer Bezogenheit auf die jeweiligen Strukturen und Problematiken der Gesamtgesellschaft zu durchdenken"[9]). Arbeiter, Angestellter und Unter-

---

8) Die Verfasser sind in der Reihenfolge der Titel: Popitz, Bahrdt, Jüres, Kesting; Katona; Lutz, Willener und andere; von Ferber; Fürstenberg; von Friedeburg und andere.

9) Industrie- und Betriebssoziologie; in: A. Gehlen und H. Schelsky (Hg.): Soziologie (a.a.O.); S. 194.

nehmer sind ja nicht bloß betriebliche Funktionen, sondern bezeichnen auch Positionen in der Gesamtgesellschaft. Betriebliche und außerbetriebliche Machtverhältnisse, soziale Situationen und Interessenlagen sind auf das engste verknüpft. Die Wertsetzungen des Industriebetriebes wirken in die Gesellschaft hinein, die der Gesellschaft umgekehrt in den Betrieb. Wirtschaftlich, rechtlich, politisch und sozial sind Betrieb und Gesellschaft mannigfach miteinander verflochten. Die Formen und Gesetzmäßigkeiten dieser Verflechtungen aufzuspüren, ist sicher eine der Aufgaben der Industrie- und Betriebssoziologie. Doch ist andereseits nicht zu übersehen, daß in Erfüllung dieser Aufgabe die spezielle Soziologie der Industrie fast unmerklich in die allgemeine Soziologie der Sozialstruktur und des sozialen Wandels übergeht.

Der Name „Industrie- und Betriebssoziologie" für die so von ihren Forschungsthemen her bestimmte Disziplin ist ebensowenig unbestritten wie die hier zugrunde gelegte Abgrenzung des Gegenstandes der Forschungsdisziplin, die unterschiedlich als „Industriesoziologie", „Betriebssoziologie", „Wirtschaftssoziologie" usw. bezeichnet wird. In den angelsächsischen Ländern hat sich die Bezeichnung „industrial sociology" weitgehend durchgesetzt. In Deutschland dagegen ist die alte Benennung „Betriebssoziologie" noch immer lebendig, obwohl sie dem Umfang dieser Disziplin nicht voll Rechnung trägt. Zwar haben einige Forscher diese Bezeichnung bereits aufgegeben[10]), andere festgestellt, daß auch thematisch „die Betriebssoziologie sich zur Industriesoziologie zu erweitern beginnt"[11]), aber zuweilen wird sogar noch eine strenge Scheidung von „Betriebssoziologie" und „Industriesoziologie" verlangt. *L. H. A. Geck* z. B. zieht einen scharfen Trennungsstrich zwischen der Betriebssoziologie als der „soziologischen Wissenschaft von den durch Betrieb gegebenen sozialen Erscheinungen" und der Industriesoziologie als der „soziologischen Wissenschaft von der Industrie als Sozialgebilde und weitergehend von den durch die Industrie gegebenen sozialen Erscheinungen"[12]) und sagt: „Begrifflich ist schließlich noch

10) Vgl. H. Schelsky, a.a.O.

11) H. Maus, a.a.O., S. 313.

12) Artikel Betrieb (Betriebssoziologie) und Industrie (Industriesoziologie); in: W. Bernsdorf und F. Bülow (Hg): Wörterbuch der Soziologie (a.a.O.)

festzuhalten, daß die in Deutschland gelegentlich vorkommende Gleichstellung von Industriesoziologie und Betriebssoziologie unrichtig ist. Die allgemeine Betriebssoziologie geht weit über die Industriesoziologie, selbst über die Wirtschaftssoziologie hinaus, insofern sie auch den Verwaltungsbetrieb einbezieht. Als spezielle Betriebssoziologie in der Gestalt der Industriebetriebssoziologie macht sie nur einen Teil der Industriesoziologie aus"[13]). Diese terminologische Klarstellung ist durchaus begründet. Der Begriff des Betriebes in Allgemeinheit ist zugleich enger (insofern der Industriebetrieb nicht das einzige industrielle Phänomen darstellt) und weiter (insofern es vor und neben der Industrie andere Betriebsformen gibt) als der der Industrie. Der Versuch dieser Einführung, die Industrie- und Betriebssoziologie auf durch Industriebetrieb und Industriearbeit gegebene Erscheinungen zu begrenzen, ist daher in gewissem Sinne willkürlich. Zu seiner Rechtfertigung sei immerhin bemerkt, daß er der Tendenz der internationalen Forschung entspricht und daß er dem wenig fruchtbaren Streit um Namen und Begriffe ein Ende zu setzen verspricht. Im Bezug auf die moderne Fabrikindustrie sind „industrial sociology" und „sociology of work" im Sinne der amerikanischen, „sociologie économique" und „sociologie du travail" im Sinne der französischen, „Industriesoziologie", „Betriebssoziologie" und „Arbeitssoziologie" im Sinne der deutschen Forschung nur durch sachlich wenig gewichtige Nuancen unterschieden. Gewiß mag man mit *B. Lutz*[14]) der Meinung sein, daß der Versuch, diese Tatsache durch den Mischbegriff der „Industrie- und Betriebssoziologie" auszudrücken, zu einer Wortbildung führt, die den Puristen nicht befriedigen kann; doch ist hier daran zu erinnern, daß solche Termini Schall und Rauch sind und längere Diskussionen niemals lohnen.

2. Forschungsmethoden

Es schiene nur selbstverständlich, wenn man feststellen würde, daß die Industrie- und Betriebssoziologie sich in ihrem methodischen Ansatz und ihren Forschungstechniken von der allgemeinen Soziologie nicht unterscheidet. Bei der gegenwärtigen Lage der Soziologie muß eine solche Fest-

---

13) A.a.O., S. 230.

14) Vgl. B. Lutz: Notes sur la sociologie industrielle en Allemagne; in: Sociologie du Travail II (1959).

stellung, wenn sie ohne Einschränkung erfolgt, jedoch auf Mißverständnisse stoßen. Die Soziologie ist — zumindest in Europa — noch immer durch eine (oft glückliche, zuweilen aber auch mißliche) große Vielfalt an Methoden gekennzeichnet. Philosophische Spekulation steht neben gedankenloser Empirie, verstehende Gesamtanalyse neben statistischem Raffinement. Alle diese Züge finden sich nun zwar auch in der Geschichte der Industrie- und Betriebssoziologie; doch kann man heute mit einiger Zuversicht behaupten, daß dieser Zweig der Soziologie eindeutiger als sein Stamm eine empirische Wissenschaft ist. Wie in jeder empirischen Disziplin geht es auch in der Industriesoziologie um Verallgemeinerung, um die Formulierung von Aussagen über *die* Prestigestruktur des Betriebes, *die* Regelung industrieller Konflikte, *den* Menschen an der Maschine. Solche Allgemeinaussagen (Theorien, Hypothesen, Gesetze) müssen sich aber stets an Hand von systematischen Beobachtungen bewähren; Aussagen, die sich nicht empirisch überprüfen lassen, haben in der Industriesoziologie keinen Raum (mehr); die industrie- und betriebssoziologische Forschung konzentriert sich daher auf die Anregung und Überprüfung allgemeiner Aussagen an Hand der systematischen Erfassung und Aufbereitung von Erfahrungsmaterial. Zu solcher systematischen Tatsachenforschung bieten sich eine Reihe von Techniken an, deren wichtigste hier kurz skizziert werden sollen.

(1) Im *Dokumentenstudium* bzw. allgemeiner der Auswertung in schriftlicher Form vorliegender Materialien steht die Industrie- und Betriebssoziologie (wie die Soziologie überhaupt) der historischen Forschung nahe. Dies ist eine in jüngerer Zeit unterschätzte Forschungstechnik, so daß viele Materialien noch brachliegen: Beschäftigungskarteien, Organisationspläne, Personalakten, Protokolle von Sitzungen und Lohnverhandlungen usw.

(2) Eine ebenso alte wie problematische Technik der industrie- und betriebssoziologischen Forschung liegt in der *teilnehmenden Beobachtung* („participant

observation“). Vor und nach *Marie Bernays*[15]) sind Soziologen immer wieder als Arbeiter in Betriebe gegangen, um diese „von innen her“ zu studieren. Die Gefahr solcher teilnehmenden Beobachtung liegt darin, daß der Beobachter durch seine Teilnahme den Gegenstand seiner Untersuchung zu verändern (z.B. neue informelle Gruppen zu begründen) vermag; ihr Gewinn dürfte vor allem in der „atmosphärischen“ Einsicht liegen, die der teilnehmende Beobachter sich erwirbt.

(3) Wissenschaftlich ergiebiger scheint demgegenüber die nicht-teilnehmende systematische Beobachtung bestimmter Vorgänge, wie sie sich in den Arbeitswissenschaften bewährt hat. Die „Arbeitsmonographie der Umwalzer“ von *H. Popitz* ist das bemerkenswerteste Beispiel aus jüngerer Zeit für Grenzen und Möglichkeiten dieser Technik in der Soziologie[16]).

Auch im industrie- und betriebssoziologischen Bereich hat heute die Erhebung von allen Forschungstechniken die weiteste Verbreitung gefunden. Die Formen der Erhebung sind so vielfältig, daß hier weitere Unterscheidungen nötig sind.

(4) Gleichsam äußerlich, dennoch zu vielen Problemen überaus nützlich ist zunächst die statistische Erhebung. Wo statistisches Material verfügbar ist, hat es in der Regel den Vorteil, daß es alle Betroffenen erfaßt, also vollständig ist; andererseits ist der Bereich des durch verfügbare Statistiken Erfaßbaren auch im Betrieb in der Regel begrenzt. Möglichkeiten und Grenzen dieses Verfahrens werden an der Studie von *Th. Pirker* und Mitarbeitern eindringlich deutlich[17]).

(5) Nicht zuletzt die Mängel der verfügbaren Sozialstatistik haben wohl in den letzten Jahrzehnten dazu geführt, in zunehmendem Maße Umfragen zur Grund-

---

15) Vgl. dazu unten S. 31 f.

16) In H. Popitz und Mitarbeiter: Das Gesellschaftsbild des Arbeiters (Tübingen 1957); S. 251 ff.

17) Th. Pirker und Mitarbeiter: Arbeiter, Management, Mitbestimmung (Stuttgart-Düsseldorf 1957).

lage der empirischen Sozialforschung zu machen. Diese reichen von schriftlichen Gesamtbefragungen einer Bevölkerung über die Befragung einer repräsentativen Stichprobe nach einem festen Fragebogen bis zum offenen Einzelgespräch. Man kann fast sagen, daß noch heute nahezu jede Monographie neue Möglichkeiten der Befragungstechnik eröffnet[18]). Die Vorteile der Umfrage bei der Ermittlung sonst unzugänglichen Materials liegen auf der Hand; doch ist angesichts der Kosten und anderer Einwände vor der Übertreibung der Umfrageforschung zu warnen. Wo andere Techniken zum selben Ergebnis führen können, sollten diese vorgezogen werden.

(6) Eine der in der Nachkriegszeit entwickelten neuen Methoden der Umfrage liegt in der Gruppendiskussion, bei der Meinungen und Einstellungen nicht an Hand von Einzelinterviews ,sondern in der lebendigen Diskussion zwischen 12—15 Menschen ermittelt werden. Gerade im industriellen Bereich ist diese Technik von mehreren Forschern angewendet worden; doch muß ihre Brauchbarkeit noch als ungeklärt gelten[19]).

(7) Älter und gesicherter, aber ebenfalls nur für bestimmte Probleme verwendbar, ist die auf *Moreno* zurückgehende Methode der Soziometrie, d.h. der systematischen Ermittlung und Darstellung menschlicher Beziehungen innerhalb gegebener Sozialzusammenhänge unter Berücksichtigung der Intensität, der Gegenseitigkeit, des Zweckbezuges usw. der Beziehungen[20]. Vor allem bei der Ermittlung informeller Gruppen kann diese Methode in der Industriesoziologie Verwendung finden.

(8) Schließlich ist die Industrie- und Betriebssoziologie einer der wenigen Zweige der Soziologie, in der gewisse Formen des Experiments Erfolg versprechen. Der ständige und feste Zusammenhang der Angehörigen eines

---

18) Vgl. allgemein zu den Techniken der Umfrage die von R. König herausgegebenen Bände: Praktische Sozialforschung (Frankfurt 1956).

19) Vgl. dazu W. Mangold: Gegenstand und Methode des Gruppendiskussionsverfahrens (Frankfurt 1960).

20) Vgl. dazu J. L. Moreno: Die Grundlagen der Soziometrie (Köln 1954).

Betriebes erlaubt es gelegentlich, Gruppen zu isolieren und die Auswirkung eines variablen Faktors (bei Konstanthaltung aller anderen) auf diese zu studieren. Von einem solchen Experiment, der großen Studie von *E. Mayo* und Mitarbeitern, wird unten noch die Rede sein.

Wie in der Soziologie allgemein, so gibt es auch in der Industrie- und Betriebssoziologie keine ideale Technik. In welcher Weise man einen Sachverhalt zu erforschen, eine Theorie zu überprüfen, neue Erfahrungen zu gewinnen versucht, hängt ganz von der jeweiligen Fragestellung ab. In der Literatur fehlt es nicht an hervorragenden Beispielen für jede der angeführten Forschungstechniken.

3. Betriebssoziologie und Praxis

Bei einer Disziplin, die sich mit Problemen beschäftigt, die in dieser oder jener Form vielen Menschen täglich begegnen, liegt es nahe zu vermuten, daß sie eine besonders enge Beziehung zur Praxis hat. So kann es nicht ausbleiben, daß industrielle Unternehmen Stellen für Betriebssoziologen schaffen, daß wirtschaftliche Verbände vor gewissen Entscheidungen industriesoziologische Gutachten einholen und daß immer mehr Menschen an verantwortlichen Positionen meinen, die Industrie- und Betriebssoziologie könne ihnen Rezepte liefern, was in bestimmten Situationen zu tun sei — oder sollte zumindest solche Rezepte liefern können, wenn sie bislang schon nicht dazu in der Lage sei. Der Industriesoziologe wäre schlecht beraten, wenn er versuchte, sich solchen Ansprüchen gänzlich zu entziehen; doch ist hier ein Wort der Warnung am Platze.

Die Industrie- und Betriebssoziologie ist eine Wissenschaft im Sinne des Versuches einer Rationalisierung der Welt unserer Erfahrung. Sie ist — im Gegensatz zur Theologie, zur Rechtswissenschaft, aber auch zur Betriebswirtschaftslehre — keine normative Disziplin. Der Industrie- und Betriebssoziologe hat als solcher weder zu entscheiden, welche Form etwa der Betriebsverfassung wünschenswert ist (wie dies der Jurist kann) noch liegt seinen

Untersuchungen sämtlich (wie denen des Betriebswirts) eine Wertentscheidung dieser Art zugrunde. Wie immer man über die extreme These der „Wertfreiheit der soziologischen und ökonomischen Wissenschaften“ (M. Weber) denken mag, gilt für die Industriesoziologie sicher, daß sie praktische Werte weder setzen noch voraussetzen kann. Auch das sogenannte „optimale Funktionieren“ des Betriebes ist keine Voraussetzung industriesoziologischer Forschung.

Das heißt natürlich nicht, daß der Industriesoziologe nicht die Mittel und Wege angeben könnte (und dürfte), die zu gegebenen Zielen führen. Wenn ein Betriebssoziologe also gefragt wird, mit welchen Leistungsanreizen sich die Produktion am wirksamsten steigern läßt, dann läßt eine Beantwortung dieser Frage sich wissenschaftlich gewiß verantworten. Doch kommt hier noch eines erschwerend hinzu. Die Soziologie hat es — im Gegensatz zur Psychologie — nicht in erster Linie mit dem einzelnen Menschen zu tun. Für den Soziologen sind soziale Positionen ebenso wichtig wie ihre individuellen Träger; er denkt oft stärker an den Direktor, den Werkmeister, die Sekretärin, als an Herrn Direktor Müller, den Werkmeister Herrn Schmidt oder die Sekretärin Fräulein Meyer. (Die verbreitete Annahme, daß der Soziologe es mit „dem Menschlichen“ zu tun habe, ist also ein Irrtum.) Da nun aber die meisten nichtökonomischen Probleme, die sich einer Betriebsleitung stellen, sich auf einzelne Menschen, ihre Sorgen und Schwierigkeiten beziehen, hat der Soziologe zu den meisten Betriebsproblemen, die allenfalls in seine Zuständigkeit fallen könnten, kaum etwas beizutragen. Ein Betriebspsychologe ist sicher wichtiger als ein Betriebssoziologe.

Es kommt noch hinzu, daß die Mehrzahl der industrie- und betriebssoziologischen Probleme für die wirtschaftlichen Aspekte industrieller Unternehmen nur mittelbar von Interesse sind. Die strukturellen Ursachen betrieblicher Konflikte, die Funktionen informeller Gruppen und die technischen Grundlagen bestimmter Kooperationsformen liegen dem Management oft schon darum fern, weil sie sich bewußter Steuerung entziehen. An dieser Schwierigkeit wird allerdings zugleich auch der mögliche Gewinn der soziologischen Erforschung industrieller Betriebe für die Praxis deutlich: Für den Praktiker kann hier vor allem ein Gewinn an Einsicht in die wandelbaren wie die unveränderlichen Aspekte der Struktur wirtschaftlicher Gebilde liegen. Soziologische Information bildet gewissermaßen den Horizont, vor dem alle einzelnen betriebswirtschaftlichen und betriebspsychologischen Entscheidungen getroffen werden — oder wenn diese Formulierung allzu unbescheiden klingt: soziologische Information kann dies tun. Mag das, was der Soziologe zu sagen hat, für den Praktiker nur „Datum", d.h. Konstante sein, so ist jede überlegte Entscheidung doch dadurch gekennzeichnet, daß sie alle Daten in Rechnung stellt.

Konkret läßt sich aus diesen Überlegungen für das Verhältnis von Betriebssoziologie und Praxis folgern: Es wäre zu wünschen, daß jeder, der in einem Betrieb oder Wirtschaftsverband eine verantwortliche Stellung einnimmt, sich einmal mit der Problematik der Industrie- und Betriebssoziologie beschäftigt hat — sei es durch Lektüre oder durch Vorlesungen und Kurse. Es ist dagegen nicht erforderlich, ja möglicherweise nicht einmal wünschbar, daß jeder größere Betrieb eigene Stellen oder gar ganze Abteilungen für Betriebssoziologen einrichtet. Insoweit sich im praktischen Leben des Betriebes bestimmte Aufgaben für betriebssoziologische Forschung stellen, empfiehlt es sich durchweg, wissenschaftliche Institute in Anspruch zu nehmen. Im Hinblick auf die ständige Betriebsführung aber kommt es gerade darauf an, die Industrie- und Betriebssoziologie nicht als eine Abteilung des Management neben vielen anderen abzuschieben, sondern ihre Erkenntnisse in alle Entscheidungen einfließen zu lassen. Als Wissenschaft vermittelt die Industrie- und Betriebssoziologie der Praxis nicht Rezepte, sondern Kenntnisse. Es kann jedoch praktischen Entscheidungen sicher nicht zum Schaden gereichen, wenn sie sich durch solche Kenntnisse bereichern lassen.

II. Die Entwicklung der Industrie- und Betriebssoziologie

1. Die Ausgangspunkte industrieller Sozialforschung

In den zwanziger und dreißiger Jahren des vorigen Jahrhunderts fanden die ersten Anzeichen einer gewissen Skepsis hinsichtlich der sozialen Auswirkungen der industriellen Produktionsweise in der nationalökonomischen und sozialpolitischen Literatur ihren Ausdruck. Die Industrialisierung hatte zu dieser Zeit nur erst in England ein beachtenswertes Ausmaß erreicht. Dort aber stand ihre Beurteilung zunächst ganz im Zeichen des zukunftsfrohen Glaubens von *Adam Smith* (1723—1790) an die „Vorteile" der durch Maschinen und Fabriken ungemein gesteigerten Produktivität, die „in einer gut regierten Gesellschaft jene allgemeine Wohlhabenheit [bewirkt], die sich bis zu den untersten Klassen des Volkes erstreckt"[1]). Ein anderer Ton klang zum ersten Male an, als der nüchterne *David Ricardo* (1772—1823) der zweiten Auflage seines Werkes „Principles of Political Economy" (1821) die nachdenkliche Bemerkung hinzufügte, er sei nunmehr zu der Überzeugung gekommen, „daß die Ersetzung der menschlichen Arbeit durch Maschinen den Interessen der Klasse der Arbeiter häufig sehr abträglich ist"[2]).

Zehn und gar zwanzig Jahre später formulierten die Nationalökonomen und Sozialschriftsteller diesen Eindruck sehr viel schärfer. *Andrew Ure* (1778—1875) untersuchte in seiner „Philosophy of Manufactures" im einzelnen die Auflösung des alten Rangsystems der Gesellschaft durch die industrielle Produktionsform. Die sogenannten „utopischen Sozialisten", vor allem *Henri de Saint-Simon* (1760—1825), *Charles Fourier* (1772—1837) und *Robert Owen* (1771—1858), versuchten, die gröbsten Folgen der Industrialisierung durch isolierte Reformversuche zu beheben. „Nach dem Elend die Entwürdigung: solcherart

---

1) Eine Untersuchung über Natur und Wesen des Volkswohlstandes (übers. v. E. Grünefeld; 3. Aufl. Jena 1923); Bd. I, S. 14.

2) Principles of Political Economy (2. Aufl. London 1821); S. 468.

sind die Übel, die die Maschinen den Arbeitern aufzwingen", schrieb *P.-J. Proudhon* (1809—1865) im Jahre 1846[3]). Die Arbeiter selbst blieben indessen nicht müßig. An vielen Stellen zugleich leiteten sie die Bewegung ein, die dann später im „Kommunistischen Manifest" und den Schriften von *Karl Marx* (1818—1883) ihren historisch gewordenen Ausdruck fand.

Der angedeutete Umschwung in der Beurteilung der noch jungen Welt der Industrie, die Entdeckung der „sozialen Frage", steht offenkundig nur in einem recht mittelbaren Bezug zu den Forschungsgegenständen, -methoden und -absichten der Industrie- und Betriebssoziologie. Doch kann der Wandel der Einstellung, der sich in der Literatur der Jahre zwischen 1820 und 1850 in England, Frankreich und Deutschland vollzog, sinnvoll als entferntester Ausgangspunkt auch eines im engeren Sinn soziologischen Interesses an Industrie und Industriebetrieb bezeichnet werden. Über das Problem des Menschen in der industriellen Welt, die „soziale Frage", rückten allmählich die nichtökonomischen Aspekte der Fabrik- und Maschinenwelt in den Gesichtskreis wissenschaftlicher Forschung. Dabei bildeten im 19. Jahrhundert vor allem drei Fragen die wiederkehrenden Themen industrieller Sozialforschung: die der Arbeitsteilung und ihrer sozialen Folgen, der Entfremdung des Menschen durch die Industriearbeit und der Klassengesellschaft als Folge der Sozialorganisation der Industrie.

Seit *A. Smith* im ersten Kapitel seines „Inquiry into the Nature and Causes of the Wealth of Nations" die neue Form der Arbeitsteilung an dem Beispiel der Stecknadelfabrikation erläutert hatte, erschien kaum ein Werk über politische Ökonomie, das die Teilung der Arbeit nicht ausführlich besprach. *A. Smith* bewegte noch vorwiegend der ökonomische Nutzen der Mechanisierung und fabrikmäßigen Zusammenfassung der Arbeit bei gleichzeitiger Auf-

---

3) Système des contradictions économiques (3. Aufl. Paris 1867); Bd. I, S. 162.

splitterung der Arbeitsprozesse: Hatten zuvor zehn einzeln und unabhängig arbeitende Handwerker allenfalls jeder 20 Stecknadeln täglich herstellen können, so produzierten die zehn zusammen jetzt 48 000 in der gleichen Zeit. *A. Ure*, später *P.-J. Proudhon* und *K. Marx* blieben bei dieser Feststellung nicht stehen. Sie zeigten, wie die Aufsplitterung der Arbeitsprozesse in zahlreiche gleich einfache Maschinentätigkeiten die Hierarchie Meister - Geselle - Lehrling auflöst und allmählich alle Arbeiter in Ungelernte verwandelt. Mit der mechanisierten Fabrikproduktion, so sagt *Marx*, „ist die technische Grundlage aufgehoben, worauf die Teilung der Arbeit in der Manufaktur beruht. An die Stelle der sie charakterisierenden Hierarchie der spezialisierten Arbeiter tritt daher in der automatischen Fabrik die Tendenz der Gleichmachung oder Nivellierung der Arbeiten, welche die Gehilfen der Maschinerie zu verrichten haben“[4]). Die industrielle Entwicklung hat, wie in den folgenden Kapiteln zu zeigen sein wird, diesen Schluß nicht bestätigt. Doch liegt in der Analyse der strukturellen Folgen der arbeitsgeteilten Fabrikproduktion ein Ansatz, der die heutige Industrie- und Betriebssoziologie mit der Nationalökonomie des 19. Jahrhunderts verbindet.

Weniger von nationalökonomischer als von philosophischer Seite trat neben die kritische Analyse der industriellen Arbeitsteilung um die Mitte des vorigen Jahrhunderts die These, daß der Mensch in der kapitalistischen Produktion sich selbst entfremdet sei. Der Begriff der Entfremdung, von *Hegel* zur Bestimmung des ontologischen Verhältnisses von Natur und Geist in die Philosophie eingeführt, von den Denkern der Hegelschen Linken dann zur Kritik der Religion benutzt (*B. Bauer:* „Gott ist ja nur der den Menschen entfremdete Mensch!“), ist dann vor allem von *K. Marx* auf die Situation des Menschen in der industriellen Arbeitswelt übertragen worden. Entfremdung besagt zunächst„ daß ein Subjekt ein Objekt schafft, welches dann dem Subjekt als Fremdes, oft Übermächtiges gegenüber-

4) Das Kapital (Berlin 1953); Bd. I, S. 443.

tritt. In der Anwendung auf die industrielle Arbeitswelt sind hier (von *K. Marx*, *F. Engels*, *P.-J. Proudhon* und anderen[5]) vor allem drei Phänomene betont worden: (1) daß der Arbeiter zum Werkzeug der Maschine wird, die doch selbst Menschenwerk ist, (2) daß der Arbeiter zum Sklaven der Produkte seiner Arbeit wird, die ihm als Kapital gegenüber treten, (3) daß der Arbeiter die industrielle Produktion zwar trägt, aber eigentumslos bleibt. Mit dem Stichwort „Entfremdung" oder „Verfremdung des vom kapitalistischen Industriebetrieb ergriffenen Menschen" sind dann später auch allgemeinere Folgen der Industrie wie „die Entziehung einer bis ins beginnende 19. Jahrhundert noch wirksamen Rückverbundenheit mit den alten Lebensordnungen des dörflichen und zünftlerischen Verbandes" oder „die Schwierigkeit, auf geldwirtschaftlicher Basis ein ... geordnetes häuslich-familiäres Dasein zu gestalten" (*C. Jantke*[6]) bezeichnet worden. Auch an diesem Punkt haben die Thesen der frühen Industrieforschung späteren Untersuchungen nicht standgehalten. Doch gehört der Gedanke der Entfremdung des Menschen in der industriellen Arbeitssituation auch heute noch zu den zentralen Fragestellungen der Industrie- und Betriebssoziologie.

Das vordringliche Motiv des Interesses der Sozialschriftsteller im 19. Jahrhundert an Industrie und Industriebetrieb lag indes nicht so sehr in der Erforschung der speziellen Gegebenheiten der Betriebsstruktur und der Industriearbeit als in den weiteren sozialen Auswirkungen der neuen Form der Produktion. Früh schon führte *Lorenz von Stein* (1815—1890) die Kategorie der "industriellen Gesellschaft" ein[7]). Diese wurde vorwiegend gesehen unter dem Gesichtspunkt der sie beherrschenden Spannungen zwi-

5) Vgl. vor allem K. Marx: Nationalökonomie und Philosophie (Köln-Berlin 1950), Abschnitt „Die entfremdete Arbeit"; F. Engels: Die Lage der arbeitenden Klasse in England (Berlin 1952), Einleitung; P.-J. Proudhon: Qu'est-ce que la Propriété? (Oeuvres Compl., Bd. IV, Paris 1926) und: Système des contradictions économiques (a.a.O.).

6) C. Jantke: Industriebetriebsforschung als soziologische Aufgabe; in: Soziale Welt 2/1 (Oktober 1950); S. 17.

7) L. v. Stein: Geschichte der sozialen Bewegung in Frankreich von 1789 bis auf unsere Tage (letzte Aufl. München 1921); Bd II.

schen Klassen. Der *Hegel*sche Gegensatz von „Reichtum und Armut“ verdichtete sich zu dem von „Lohnarbeit und Kapital“, „Bourgeoisie und Proletariat“, „Unternehmer und Arbeiter“ und beherrschte die politische Literatur von *Saint-Simon* und *Marx* zu den Autoren der „Fabian Essays“ (1889) in England und den deutschen Sozialpolitikern des ausgehenden 19. Jahrhunderts. Die diesen Analysen zugrundeliegende These war stets die, daß die industrielle Produktion die Wurzel eines Interessenkonfliktes in sich trägt zwischen denen, die die Mittel der Produktion, die Fabriken und Maschinen, besitzen oder kontrollieren und denen, die ihre Arbeitskraft zu Markte tragen und in nur scheinbar freien Verträgen verkaufen müssen. Auch hier ist die industrielle Sozialforschung der letzten Jahrzehnte zu sehr viel differenzierteren Ergebnissen gekommen, doch hat sie den thematischen Ansatz, das Studium des industriellen Konflikts und seiner sozialen Auswirkungen, zuweilen allzu leichtfertig mißachtet und vergessen.

Das gemeinsame Kennzeichen der drei erwähnten Ausgangspunkte der späteren Industrie- und Betriebssoziologie ist das Fehlen systematischer empirischer Untersuchungen. In allen drei Fällen hat die Analyse den Vorrang vor der Tatsachenforschung, — ein Mangel, der den analytischen Resultaten nur zu sichtbar anhaftet. Der Versuch, diesen Mangel zu beheben, ist erst gegen Ende des vorigen Jahrhunderts vor allem in England und Deutschland unternommen worden. In beiden Ländern waren es Sozialpolitiker und Sozialreformer, die zur Stützung ihrer Reformvorschläge empirisches Material systematisch sammelten und vorlegten. Der früheste Versuch dieser Art war der des Franzosen *Frédéric Le Play* (1806—1882). Historisch bedeutsamer sind dann die umfangreichen Surveys von *Charles Booth* (1840—1916) in London[8]) und *B. Seebohm Rowntree* (1871—1953) in York[9]) sowie die ersten

8) Ch. Booth: Life and Labour of the People in London (17 Bde., London 1892—1903).

9) B. S. Rowntree: Poverty, A Study of Town Life (London 1901).

Enquêten des 1872 gegründeten Vereins für Sozialpolitik in Deutschland[10]) geworden.

Diese Untersuchungen erbrachten manches Material über die sozialen Verhältnisse der Industriearbeiter, ihre rechtliche Stellung, ihre Wünsche und Interessen. Für die Industrie- und Betriebssoziologie indes blieben sie ebenso vorläufig wie die philosophischen, nationalökonomischen und politischen Ansätze des 19. Jahrhunderts. All diese Studien stellten Fragen, eröffneten Problembereiche, blieben aber in allgemeinen Überlegungen befangen. So ist es unleugbar, „daß die Sozialforschung des 19. Jahrhunderts uns insofern ein unbefriedigendes Ergebnis hinterlassen hat, als sie die soziale Frage zwar unter allgemeinen gesellschaftspolitischen und -reformerischen Gesichtspunkten bis in metaphysische Tiefen hinein verfolgt hat, andererseits aber einer eindringenden Untersuchung spezifischer und repräsentativer menschlich-sozialer Spannungsverhältnisse an ihrem konkreten Ursprungsort ausgewichen ist" (*C. Jantke*[11]).

2. Die Entstehungsgeschichte der Industrie- und Betriebssoziologie

L. H. A. Geck unterscheidet sinnvoll zwischen der „Vorgeschichte" der Betriebssoziologie bis etwa 1900 und ihrer „Entstehungsgeschichte" in den ersten drei Jahrzehnten unseres Jahrhunderts[12]). „Der Übergang von der Vorgeschichte zur Entstehungsgeschichte der Betriebssoziologie ... ist vor allem bestimmt durch die Entdeckung des Betriebs als einer zu erforschenden Einrichtung seitens der Wirt-

---

10) Wesentlich in diesem Zusammenhang vor allem (von den vor 1900 erfolgten Veröffentlichungen des Vereins) die Arbeiten über industrielle Beziehungen (Schriften des Vereins für Sozialpolitik, Bde. 2, 6, 17, 18, 46), Sozialgesetzgebung (Bde. 5, 7, 26, 45), über die soziale Lage einzelner Schichten (Bde. 30, 31, 53—55), über die Hausindustrien (Bde. 30—42, 48, 84—87), sowie der Band 13 über „Das Verfahren bei Enquêten über soziale Verhältnisse".

11) A.a.O., S. 15.

12) L. H. A. Geck: Zur Entstehungsgeschichte der Betriebssoziologie; in: K. G. Specht (Hg.): Soziologische Forschung in unserer Zeit (Köln-Opladen 1951).

schafts- und Sozialwissenschaftler um 1900“[13]). Neben dieser „Entdeckung“ — *Geck* weist hier zu Recht auf *G. Schmollers* „Grundriß der allgemeinen Volkswirtschaftslehre“ (1900) und *R. Ehrenbergs* „Archiv für exakte Wirtschaftsforschung“ (seit 1905) hin — sind wohl insbesondere drei Faktoren ausschlaggebend für die Entstehung einer systematischen Industrie- und Betriebssoziologie geworden: (1) die stärkere Beschäftigung der allgemeinen Soziologie mit den Problemen der Industrie und des Industriebetriebes, (2) die Hinwendung zur empirischen Sozialforschung und Verfeinerung ihrer Methoden und (3) die allmähliche Entdeckung des „menschlichen Faktors“, d. h. der Realität nichtökonomischer Strukturen und Phänomene in der Industrie.

Die vor 1900 von der Philosophie noch kaum geschiedene allgemeine Soziologie begann im Anfang unseres Jahrhunderts, sich mit einem neuen methodischen Selbstbewußtsein den Problemen der damals gegenwärtigen Gesellschaft und damit auch ihrer wirtschaftlichen Basis zuzuwenden. In Amerika untersuchte *Thorstein Veblen* (1857 bis 1929) vor allem die sozialen Eigenheiten der neuen Unternehmerschicht, ihre wirtschaftlichen Funktionen, Interessen und Wertsetzungen[14]). In England lieferten *Sidney* (1859—1947) und *Beatrice Webb* (1858—1943)[15]) und *Richard Henry Tawney* (geb. 1880[16]) umfassende Analysen vor allem der Position und Funktion des Industriearbeiters. In Frankreich erschien *Emile Durkheims* (1858 bis 1917) großes Werk „La division du travail social“. In Deutschland schließlich befruchteten die Arbeiten von *Gustav Schmoller* (1838—1917), *Werner Sombart* (1863 bis

---

13) L. H. A. Geck: a.a.O., S. 108.

14) Hauptwerke: The Theory of the Leisure Class (1899); The Theory of Business Enterprise (1904); The Instinct of Workmanship (1914); Absentee Ownership (1921).

15) Hier vor allem: A History of Trade Unionism (1894); Industrial Democracy (1897).

16) Hauptwerke: The Acquisitive Society (1920); Equality (1921); Religion and the Rise of Capitalism (1922).

1941)[17]), dann vor allem *Max Weber* (1864—1920)[18]) und späterhin *Leopold von Wiese* (geb. 1876[19]) die Entwicklung der Betriebssoziologie.

Zur Verfeinerung der Methoden der empirischen Sozialforschung in der Industrie trugen insbesondere die Untersuchungen des Industrial Health Research Board in England (seit 1917), des Harvard Fatigue Laboratory in Amerika (seit 1920) und des Vereins für Sozialpolitik in Deutschland, über die noch zu sprechen sein wird, bei. Angeregt durch die Experimente und Enquêten dieser Organisationen setzte sich dann, zumal in den zwanziger Jahren unseres Jahrhunderts, immer mehr auch bei Einzelforschern der Ansatz am empirischen Studium industriesoziologischer Probleme durch.

Das eigentliche wissenschaftliche Ereignis indes, das die Industrie- und Betriebssoziologie begründete und sich in den ersten Jahrzehnten unseres Jahrhunderts vollzog, war die Entdeckung des „human factor in business" *(B. S. Rowntree)*, des „Menschen in der Wirtschaft" (*L. von Wiese)*. Wenn auch dieses „Ereignis" uns heute trivial vorkommen mag, bedeutete doch die Erkenntnis, daß der Industriebetrieb neben der ökonomisch-technischen eine autonome soziale Realität hat, daß die Motivationen seiner Träger auch nicht annähernd mit den rationalisierenden Annahmen von „Sozialingenieuren" erfaßbar sind, eine kleine Revolution im Denken und Wissen von Unternehmern, Sozialpolitikern und Soziologen. Vieler Untersuchungen hat die Durchsetzung dieser Erkenntnis bedurft, und obwohl industriesoziolgische und industriepsychologische Forschungen immer wieder ihre Gültigkeit

---

17) In erster Linie dessen großes Werk „Der moderne Kapitalismus" (München-Leipzig 1921), das noch heute eine Fundgrube für den Industriesoziologen darstellt.

18) Neben den unter dem Titel „Gesammelte Aufsätze zur Soziologie und Sozialpolitik" (Tübingen 1924) veröffentlichten Arbeiten muß vor allem das systematische Werk „Wirtschaft und Gesellschaft" (1921) hier erwähnt werden.

19) Neben vielen Aufsätzen vor allem das „System der allgemeinen Soziologie" (2. Aufl. München-Leipzig 1933).

bestätigt haben, ist sie auch heute noch nicht allerorten vollzogen.

Das Bild des Industriebetriebes und seiner Glieder, mit dem die junge Soziologie und Psychologie der Industrie um 1910 zu kämpfen hatte, fand wohl seinen klarsten Ausdruck in den Schriften des amerikanischen Ingenieurs *Frederick Winslow Taylor* (1856—1915) über „wissenschaftliche Betriebsführung" (scientific management). *Taylor* bestritt die Existenz eines Gegensatzes von Unternehmern und Arbeitern. „Wissenschaftliche Betriebsführung hat als eigentliche Grundlage die feste Überzeugung, daß die wahren Interessen der beiden ein- und dieselben sind; daß die Wohlfahrt des Unternehmers auf lange Sicht nicht bestehen kann, wenn sie nicht von der Wohlfahrt des Arbeiters begleitet wird, und umgekehrt; und daß es möglich ist, dem Arbeiter zu geben, was er vor allem wünscht — hohe Löhne — und dem Unternehmer, was er wünscht — niedrige Gestehungskosten — für seine Produkte"[20]). *Taylor* erfand zu diesem Zweck die „wahre Wissenschaft der Betriebsführung": durch äußerste Rationalisierung der Arbeiterprozesse und -vollzüge bei Akkordentlohnung zugleich die Produktion und die Löhne zu steigern. Die Grundannahmen seiner „Wissenschaft" — daß der Industriebetrieb ein ausschließlich ökonomisch-technisches Gebilde darstellt, daß der Arbeiter nur durch den Wunsch nach höherem Lohn bewegt ist, daß alle Spannungen innerhalb der Industrie durch ein Maximum an Produktivität behoben werden können — bezeichnen gewissermaßen die Ausgangsposition der modernen Industrie- und Betriebssoziologie. An der Widerlegung der falschen Voraussetzungen *Taylors* hat diese Disziplin sich entwickelt.

Die Behauptung ist aufgestellt worden, „daß es nur in Deutschland förmlich zu einer Betriebssoziologie gekommen ist"[21]). Gegen diese Behauptung läßt sich, zumal wenn man

20) F. W. Taylor: The Principles of Scientific Management (Neuaufl. New York 1947); S. 10.

21) L. H. A. Geck: a.a.O., S. 108.

von dem weiteren Begriff einer Industrie- und Betriebssoziologie ausgeht, manches einwenden. Die amerikanische Entwicklung vom Harvard Fatigue Laboratory zu *Elton Mayo* und seinen Untersuchungen, die Entwicklung in England vom Industrial Health Research Board zu *P. Sargant Florence* und seiner Schule[22]) muß durchaus als Teil der Entstehungsgeschichte der Industrie- und Betriebssoziologie angesehen werden. Insofern indes in Deutschland stärker als in England und Amerika, wo der psychologische und arbeitsmedizinische Ansatz im Vordergrund stand, spezifisch soziologische Fragestellungen an den Industriebetrieb herangetragen wurden, und insofern der Name der „Betriebssoziologie" in Deutschland seinen Ursprung hat, mag es sinnvoll sein, von einem gewissen Vorrang des deutschen Beitrages zur Entstehungsgeschichte der Betriebssoziologie in den Jahren von 1900 bis etwa 1930 zu sprechen. Es lohnt sich daher, die Entstehungsgeschichte der Betriebssoziologie in Deutschland ein wenig näher zu verfolgen, wobei der Anfangs- und der vorläufige Endpunkt dieser Entwicklung, die von *Max* und *Alfred Weber* 1907 angeregte Enquête des Vereins für Sozialpolitik über „Auslese und Anpassung der Arbeiterschaft der geschlossenen Großindustrie" und der 1931 erschienene Artikel „Betriebssoziologie" von *Götz Briefs*[23]), in den Mittelpunkt gestellt werden sollen.

Es ist zuweilen behauptet worden, daß die oben angedeutete Position des „Taylorismus" zwar den polemischen Ausgangspunkt der englischen und amerikanischen, nicht aber der deutschen Industrie- und Betriebssoziologie darstellte[24]). Der Sache nach läßt sich diese Behauptung

---

22) Wozu vgl. z. B. die ausgezeichnete Darstellung von E. Mayo in den ersten zwei Kapiteln seines Buches „The Human Problems of an Industrial Civilization" (2. Aufl. Boston 1946). Siehe auch G. B. Mitchell und andere: Betriebssoziologische Forschung in Großbritannien; in: Soziale Welt, Jg. 3 (1951/2); S. 164 ff.

23) Erschienen in: A. Vierkandt (Hg.): Handwörterbuch der Soziologie (Stuttgart 1931).

24) So von W. Baldamus: Der Mensch in der industriellen Arbeitswelt; in: Bundesarbeitsblatt, Jg. 1950 Nr. 1; S. 18. Vgl. auch G. Briefs: a.a.O.; S. 47.

anfechten: Auch die deutsche Betriebssoziologie entfaltete sich im Widerspruch zu den sozialmechanistischen Annahmen, die in *Taylors* Werk (bzw. den in Deutschland zunächst sehr viel weiter verbreiteten Arbeiten von *H. Fayol)* ihren klarsten Ausdruck fanden. Historisch sind indes in Deutschland vor allem zwei Disziplinen für die Entstehung der Betriebssoziologie fruchtbar geworden: die Nationalökonomie und die Sozialpolitik. Von der Nationalökonomie her war um 1900 „das gesellschaftliche Problem des Großbetriebes" *(G. Schmoller)* vor allem unter dem Gesichtspunkt des Charakters seiner Autoritätsstruktur und sozialen Binnenorganisation angeschnitten worden. Die Sozialpolitik auf der anderen Seite richtete ihre praktisch-reformerischen Intentionen vor allem auf die Lage des Arbeiters im Betrieb, die „soziale Frage". Vereinfachend mag man sagen, daß die Sozialpolitik thematisch, in der Konzentration auf die nichtökonomischen Aspekte der Wirtschaft, die Nationalökonomie dagegen methodisch, in der theoretischen, nicht politischen Intention, für die Industrie- und Betriebssoziologie bahnbrechend wurde.

Die Konzeption einer dem Gegenstand nach sozialen, dem methodischen Ansatz nach wissenschaftlichen Erforschung der Industrie ist das Verdienst *Max Webers,* der damit die Industrie- und Betriebssoziologie eigentlich begründete. In seiner „Methodischen Einleitung für die Erhebungen des Vereins für Sozialpolitik über Auslese und Anpassung (Berufswahlen und Berufsschicksal) der Arbeiterschaft der geschlossenen Großindustrie"[25]) betonte er 1908 die „sozial w i s s e n s c h a f t l i c h e", nicht „sozial p o l i t i s c h e" Tendenz der geplanten Erhebung: „Nicht darum handelt es sich, wie die sozialen Verhältnisse in der Großindustrie zu ‚beurteilen' seien, ... sondern es handelt sich ausschließlich um die sachliche und objektive Feststellung von Tatsachen und um die Ermittlung

---

[25]) Abgedruckt in M. Weber: Gesammelte Aufsätze zur Soziologie und Sozialpolitik (Tübingen 1924).

ihrer, in den Existenzbedingungen der Großindustrie und der Eigenart ihrer Arbeiter gelegenen, Gründe"[26]).

Das dem Verein für Sozialpolitik zuerst 1907 unterbreitete Untersuchungsprogramm, das *Max Weber* dann mit diesen Sätzen einleitete, stand unter der Frage: „Was für Menschen prägt die moderne Großindustrie kraft der ihr immanenten Eigenart, und welches berufliche (und damit indirekt auch: außerberufliche) Schicksal bereitet sie ihnen?"[27]) Dem unter Leitung von *H. Herkner, G. Schmoller* und *A. Weber* ausgearbeiteten „Arbeitsplan" zufolge sollten in einzelnen Betrieben der verschiedensten Industrien vor allem folgende Fragen statistisch und durch Fragebogen-Erhebung geprüft werden: sozialer und geographischer Ursprung der Arbeiter, Prinzipien ihrer Auslese, physische und psychische Bedingungen einzelner Arbeitsprozesse, Arbeitsleistung und ihre Bedingungen, Aufstiegschancen und -voraussetzungen, soziale Struktur der Arbeiterschaft, Art und Grad der Anpassung an die betriebliche Arbeitswelt. Insgesamt sieben Monographien zu diesem Thema sind dann von 1910 bis 1915 erschienen[28]), zu denen noch der Verhandlungsverband des Vereins für Sozialpolitik vom Jahre 1912 zum gleichen Thema[29]) und *Max Webers* Arbeit „Zur Psychophysik der industriellen Arbeit"[30]) gerechnet werden müssen.

Die methodisch gründlichste und thematisch umfassendste Einzeluntersuchung innerhalb dieses Programms hat wohl *Marie Bernays* geliefert, die über die Verhältnisse einer rheinischen Spinnerei und Weberei berichtete[31]). Durch teil-

---

26) M. Weber: a.a.O.; S. 2. Daß diese Formulierung auch einen betont polemischen Beitrag zur damals im Verein für Sozialpolitik schon schwelenden „Werturteilsdiskussion" (wozu vgl. F. Boese: Geschichte des Vereins für Sozialpolitik; Berlin 1939; S. 143 ff.) darstellt, dürfte offenbar sein.

27) M. Weber: a.a.O.; S. 37.

28) Schriften des Vereins für Sozialpolitik; Bde. 133, 134, 135 und 153.

29) Schriften des Vereins für Sozialpolitik; Bd. 138.

30) In: Gesammelte Aufsätze zur Soziologie und Sozialpolitik (a.a.O.).

31) M. Bernays: Auslese und Anpassung der Arbeiterschaft der geschlossenen Großindustrie. Dargestellt an den Verhältnissen der Gladbacher Spinnerei und Weberei A.G. zu München-Gladbach im Rheinland (Schriften des Vereins für Sozialpolitik, 133. Band, Leipzig 1910).

nehmende Beobachtung, Auswertung aller verfügbaren statistischen Daten und direkte Befragung erschloß *M. Bernays* eine Fülle von Material über die Situation des Arbeiters im Großbetrieb. Zum Teil hielt sie sich dabei im Rahmen der Arbeitswissenschaften, wie in dem Abschnitt „Zur Psychophysik der Textilarbeit". Zum Teil waren ihre Schlüsse eher allgemein soziologisch als speziell betriebssoziologisch, etwa hinsichtlich der sozialen Mobilität. Untersuchungen indes wie die zur „Gruppenbildung innerhalb der Arbeiterschaft", ihren Bestimmungsfaktoren und ihrer Bedeutung, stoßen bereits in den Kernbereich der Betriebssoziologie vor.

Gegen die Untersuchung von *M. Bernays* (wie die anderen Studien der Enquête des Vereins für Sozialpolitik) sind berechtigte methodische und sachliche Einwände geltend gemacht worden. Der schwerwiegendste Einwand indes ist wohl der, daß *M. Bernays* nur unabsichtlich und keineswegs überzeugend die *Taylorsche* Position hinsichtlich der Motivation der Arbeiter überwunden hat. Sie glaubt, für die Arbeiter in dem von ihr untersuchten Betrieb sei „das Geld das einzige Band, das sie mit ihrer Tätigkeit verknüpfte"[32]). Wenn *M. Bernays* feststellt, daß Zufriedenheit und Lohnhöhe bei den Arbeitern umgekehrt proportional sind, so schließt sie aus diesem immerhin überraschenden Datum nur, daß, insofern im Akkordsystem die Lohnhöhe das Leistungsquantum widerspiegelt, „‚Zufriedenheit' ... keine die Leistungsfähigkeit der männlichen Arbeiter günstig beeinflussende Grundstimmung ist"[33]), fragt aber nicht, ob nicht auch andere Faktoren als der Lohn die „Zufriedenheit" von Arbeitern beeinflussen. Hier vor allem ist die Enquête des Vereins für Sozialpolitik noch vorläufig und unsoziologisch geblieben. Der „fruchtbare Ansatz" der Enquête lag neben der bewußten Hinwendung zur betrieblichen Wirklichkeit vor allem in dem „Gedanken, die industrielle Arbeit aus ihrem eigenen, ‚neuen' Wesen zu begreifen", „die industrielle Arbeitswelt

---

32) A.a.O., S. 189.
33) A.a.O., S. 345.

in ihr spezifischen Begriffen zu verstehen" (*Ch. von Ferber*[34]). In der *Max Weber*schen Formulierung ihres Programms zumal stellt sie die erste bewußt betriebssoziologische Untersuchung dar. Daß ein so früher Versuch in seiner inhaltlichen Ausführung ungenügend geblieben ist, kann ihm zwar nicht vorgeworfen werden, macht ihn aber heute zum eher historisch als sachlich bedeutsamen Unternehmen.

Während vor allem in England der erste Weltkrieg mit seinen gesteigerten Anforderungen an die industrielle Produktion die arbeitswissenschaftliche und betriebssoziologische Forschung erheblich vorantrieb, wurde die Entwicklung der Industrie- und Betriebssoziologie in Deutschland zunächst unterbrochen. Bald nach dem Weltkrieg erlebte diese Disziplin indes neuen Aufschwung durch eine Reihe von zum Teil noch heute bedeutsamen Veröffentlichungen einzelner Forscher. 1922 erschienen *Willy Hellpachs* und *R. Langs* „Gruppenfabrikation" und *Eugen Rosenstocks* „Werktstattaussiedlung", 1923 *Joseph Winschuhs* „Praktische Werkpolitik", — alles Werke mit zwar sozialpolitischer Intention, aber doch betriebssoziologischer Bedeutung. Die Beiträge von *Max Weber* („Wirtschaft und Gesellschaft"), *Friedrich von Gottl-Ottlilienfeld* („Wirtschaft und Technik") und anderen zum Grundriß der Sozialökonomik (1922—27) trugen vor allem zur Analyse des Verhältnisses von Industrie und Gesellschaft bei. Gegen Ende der zwanziger Jahre fanden alle früheren Versuche eine erste Zusammenfassung in den durch *L. von Wieses* „Beziehungslehre" und „Gebildelehre" nicht unerheblich angeregten Arbeiten von *Götz Briefs* und seinen Mitarbeitern *L. H. A. Geck* („Die sozialen Arbeitsverhältnisse im Wandel der Zeit", 1931), *W. Jost* („Das Sozialleben des industriellen Betriebes", 1923) und anderen. *Götz Briefs*, der — nach *L. H. A. Geck* — 1927 zuerst den Begriff der

---

[34]) In einer ungedruckten Göttinger Volkswirtschaftlichen Diplomarbeit (1952) über das Thema: „Lassen sich Wurzeln der modernen Betriebssoziologie bereits in den Schriften des Vereins für Sozialpolitik vor dem ersten Weltkrieg nachweisen?"

Betriebssoziologie aufbrachte[35]), gründete 1928 ein Institut für Betriebsoziologie und Soziale Betriebslehre an der Technischen Hochschule zu Berlin. Sein von vielen als „immer noch grundlegend“ (*H. Schelsky*) angesehener Beitrag zu *A. Vierkandts* „Handwörterbuch der Soziologie“ (1931, unveränd. Neudruck 1959) kann als hervorragendes Beispiel des Entwicklungsstandes der deutschen Betriebssoziologie und zugleich als Zeugnis ihrer Grenzen verstanden werden.

G. Briefs versucht in seinem vielzitierten Handbuchartikel „Betriebssoziologie“ eine zumindest der Darstellung nach systematische Bestandsaufnahme des betriebssoziologischen Wissens seiner Zeit. Ausgehend von Formaldefinitionen der Wirtschaft und des Betriebes kategorisiert er die Aspekte des soziologischen Interesses am Industriebetrieb unter den Stichworten Betrieb als räumliche Gegebenheit, Betrieb als zeitliche Gegebenheit, Betrieb als Zweckmittelsystem, Betriebsorganisation. Hieraus folgert für ihn die „Definition“ des „Betriebes im soziologischen Sinn“: „Er ist räumlich gebundene, zeitlich normierte, mit technischer Apparatur ausgestattete derartige Kooperation von Menschen, daß spezifische soziale Beziehungen, soziale Prozesse und Beziehungsgebilde aus ihr entstehen“[36]). Trotz dieser überzeitlichen, nicht bloß auf den modernen Industriebetrieb bezogenen Definition beschränkt sich *Briefs* in der inhaltlichen Übersicht über die Themenkreise der Betriebssoziologie im wesentlichen auf den Industriebetrieb seiner Zeit. Er spricht von dem Einfluß der „sozialen Umwelt“ des Betriebes (Sozialschichtung, Sozialethos), vom „Betrieb als sozialem Phänomen“ (Betrieb als Werkraum, Formen der menschlichen Beziehungen, Über- und Unterordnung), von der „Betriebsverfassung“ (Gruppenbildungen, Hierarchie und Disziplin, Anpassung) und von dem „sozialen Betriebsproblem“ (Fremdbestimmung, Formen der Betriebsführung, Konflikt und Schlichtung). Ein letzter

---

35) Vgl. L. H. A. Geck: a.a.O., S. 112.

36) A.a.O., S. 34.

Abschnitt gilt den Rückwirkungen des Betriebes auf die Gesellschaft.

Wenn auch der Aufsatz von *Briefs* noch heute mit Gewinn gelesen werden kann, darf doch nicht übersehen werden, daß sowohl einzelne seiner Thesen inzwischen von der empirischen Industrieforschung widerlegt worden sind als auch sein Grundansatz in vielem noch einen vorläufigen Standpunkt der Industrie- und Betriebssoziologie dokumentiert. Damit ist nicht so sehr die zwar unanfechtbare, aber doch wenig ergiebige universelle Definition des Betriebes ohne spezifischen historischen Bezug gemeint. Der Einwand bezieht sich auch nicht auf den Formalismus, das Stehenbleiben bei sehr allgemeinen Annahmen, die bei *Briefs* immer wieder spürbar werden und wohl *L. H. A. Geck* veranlaßt haben, von ihm als „mehr Sozialphilosoph als Soziologe" zu sprechen. Gemeint sind vielmehr vor allem zwei Mängel des *Briefs*schen Ansatzes, die erst die empirische Industrie- und Betriebssoziologie der letzten zwanzig Jahre beheben konnte: die Tendenz zu Rationalisierungen hinsichtlich der Situation des Arbeiters und die Unterschätzung der Bedeutung sozialer Beziehungen im modernen Industriebetrieb.

Marie Bernays hatte 1910 am Schluß ihrer Untersuchung der Hoffnung Ausdruck gegeben, daß ihre Ergebnisse „einen Einblick gewähren in die Psyche der von uns durch Klassenunterschiede getrennten Proletarier"[37]). Trotz des Bewußtseins dieses „Klassenunterschiedes" ist sie indes der Gefahr nicht entgangen, ihre, der Wissenschaftlerin, Vorstellungen von „sinnvoller", „erfüllter" Tätigkeit in die Bewertung der Industriearbeit hineinzutragen und damit zu Fehlschlüssen zu gelangen. Dasselbe gilt auch noch für *Götz Briefs.* Eines der durchgängigen Motive seiner Arbeit ist die Betonung der „Fremdheit", „Fremdbestimmung", „Verfremdung" des Arbeiters im Industriebetrieb. „Sie beginnt mit der Fremdheit des Arbeitgebers, des Raumes, der Werkmittel; sie erweitert sich zur Fremdheit der

[37]) A.a.O., S. 417.

Anordnungsmacht im Betrieb, der Arbeit, der Betriebszeiten und der Mitarbeiter im Betrieb"[38]). Und obwohl *Briefs* auf sozialpolitische Versuche, diese „Verfremdung" zu beseitigen, hinweist, verrät seine Darstellung doch eine von der Illusion der klassenlosen Gesellschaft befreite marxistische Auffassung, derzufolge die Entfremdung des Arbeiters ein konstitutionelles, unüberwindbares Übel der industriellen Arbeitswelt darstellt. Erst spätere empirische Untersuchungen, insbesondere die von *Elton Mayo*, sollten zeigen, wie theoretisch und unhaltbar eine solche Auffassung angesichts der mannigfachen Phänomene der echten Anpassung und Entwicklung neuer Lebensformen bei Industriearbeitern ist.

Der Einwand, daß der Betriebssoziologe *Briefs* die Realität sozialer Beziehungen im Industriebetrieb unterschätzt habe, klingt beinahe widersinnig. Doch hat dieser Einwand angesichts der Ergebnisse wiederum der Forschungen *Elton Mayos* seine Berechtigung. *Briefs* weist zwar auf viele Formen sozialer Beziehungen im Industriebetrieb hin, erklärt aber zugleich: „Der moderne Betrieb entleert sich zusehends von den herkömmlichen soziologisch wichtigen Gehalten"[39]). Oder: „Der soziale Gehalt und die sozialen Begleiterscheinungen des Arbeitsprozesses reduzieren sich hier [im Großbetrieb — R. D.] auf ein Minimum"[40]). Hinter diesen Behauptungen steht eine leicht romantische Verklärung der sozialen Gehalte vorindustrieller Produktion. Wie komplex indes auch im modernen Großbetrieb die formellen und informellen Beziehungen der Menschen sind, wird hier übersehen oder noch nicht gesehen. Die heutige Industrie- und Betriebssoziologie würde eher von einem größeren Reichtum als von einer Armut an sozialen Gehalten im Industriebetrieb, verglichen mit dem Handwerksbetrieb oder der Manufaktur sprechen.

Die hier als Einwände formulierten Mängel der früheren deutschen Betriebssoziologie beruhen auf einem Grund:

---

38) A.a.O., S. 45.

39) A.a.O., S. 40.

40) A.a.O., S. 41.

dem Fehlen umfassender, methodisch sicherer und gründlicher empirischer Untersuchungen. Unzweifelhaft hatte die Industrie- und Betriebssoziologie um 1930 schon einen beachtlichen Stand erreicht. Ihr Gegenstand war mit einiger Schärfe konzipiert, viele ihrer Methoden zumindest versuchsweise entwickelt, manche Einsicht gültig formuliert. Vieles indes war noch Vermutung oder Deduktion. *Marx'* grundsätzliche Kritik der kapitalistischen Produktion, *Taylors* irreführende Voraussetzungen hinsichtlich der Motivation des Arbeiters, sowie eine generelle Unkenntnis der informellen Sozialbeziehungen im Betrieb und ihrer Bedeutung versperrten noch den Weg zu jener „sozialwissenschaftlichen Tatbestandsaufnahme des sozialen Gebildes Betrieb in voller theoretischer Breite" (*H. Schelsky*[41]), die die Aufgabe der Industrie- und Betriebssoziologie darstellt. Erst nachdem, in erster Linie durch die mit dem Namen *Elton Mayo* verknüpften amerikanischen Untersuchungen, diese Barrieren überwunden waren, konnte die Entstehungsgeschichte der Industrie- und Betriebssoziologie als abgeschlossen gelten.

3. Elton Mayo und das Hawthorne-Experiment

Als *Götz Briefs* und seine Mitarbeiter zu Beginn der dreißiger Jahre einen ersten Versuch der Systematisierung betriebssoziologischen Wissens unternahmen, war die bedeutsamste Etappe der langjährigen Untersuchung, die in den Hawthorne-Werken der Western Electric Company in Chicago durchgeführt wurde und viele Annahmen nicht nur der deutschen Betriebssoziologen falsifizieren sollte, bereits abgeschlossen. Die Untersuchungsreihe begann, als ein Ingenieur der Western Electric Company, *George A. Pennock,* im Jahre 1924 ein Experiment zum Studium der Einwirkung von Beleuchtungsart und -stärke auf die Arbeitsleistung der Arbeiter einleitete. Das Experiment dau-

---

41) Aufgaben und Grenzen der Betriebssoziologie; in: H. Böhrs und H. Schelsky, Die Aufgaben der Betriebssoziologie und der Arbeitswissenschaften (Stuttgart-Düsseldorf 1954); S. 7.

erte drei Jahre. Seine Ergebnisse waren so überraschend und — damals — unverständlich, daß die Gesellschaft nach dessen Abschluß den Psychologen und Nationalökonomen *Elton Mayo* und einige seiner Kollegen von der Harvard-Universität beauftragte, in umfassenden Studien den Einfluß physischer Bedingungen auf die Arbeitsleistung zu erforschen. Damit hatte das eigentliche Hawthorne-Experiment begonnen. Nach mannigfachen Veränderungen seines Gegenstandes und einer Reihe von aufregenden Einzelstudien gelangte dieses Experiment 1932 zu einem durch die Wirtschaftskrise erzwungenen vorläufigen Abschluß.

Das dem eigentlichen Hawthorne-Experiment vorangehende Beleuchtungs-Experiment war an zwei Gruppen von Arbeitern, einer Testgruppe und eine Kontrollgruppe, durchgeführt worden. In seinem entscheidenden Abschnitt hatte man die Kontrollgruppe unter den gewohnten Beleuchtungsverhältnissen arbeiten lassen, während die Testgruppe bei wechselnden Lichtstärken arbeitete. Zunächst wurde die Lichtstärke in regelmäßigen Abständen erhöht. Der Erfolg war wie erwartet: die Arbeitsleistung stieg. Unerwartet aber war, daß zugleich die Arbeitsleistung der Kontrollgruppe trotz unveränderter Bedingungen anstieg. Vollends ratlos wurden die Veranstalter des Experiments, als sie dann die Beleuchtung im Testraum bis auf die Stärke einer Meterkerze abschwächten und dennoch die Arbeitsleistung bei der Testgruppe, wie auch bei der noch immer unter gleichen Bedingungen arbeitenden Kontrollgruppe, weiter anstieg. Alle Theorien über den Zusammenhang zwischen Beleuchtung und Arbeitsleistung schienen hinfällig. Aber wie ließ das erstaunliche Ergebnis sich erklären?

Elton Mayo, der zu diesem Zeitpunkt mit den Mitarbeitern des Department of Industrial Research an der Harvard-Universität die Untersuchung übernahm, führte zunächst ein der Intention wie den Ergebnissen nach ähnliches Experiment durch. Er isolierte eine Gruppe von Arbeiterinnen, die mit der Montage von Telephonrelais beschäftigt waren. In einem Testraum, in dem die physischen Arbeitsbedingungen (Licht, Temperatur, Feuchtigkeit usw.) genau kontrolliert werden konnten, wurden diese Arbeiterinnen dann den verschiedensten sozialen Arbeitsbedingungen unterworfen: Veränderungen des Lohnsystems, Pausen mit und ohne Mahlzeit, früherer Arbeitsschluß, freie Sonnabende wurde jeweils in Perioden von vier bis zwölf Wochen eingeführt und die Auswirkungen auf die Arbeitsleistungen studiert. Das Ergebnis war wiederum, daß die Arbeitsleistung, hier genau meßbar an der Zahl der montierten Relais, fast während der ganzen Untersuchungszeit anstieg. Der Höhepunkt des Experimentes aber war erreicht, als in einem Abschnitt (Periode XII) alle vorher eingeführten Vergünstigungen (Pausen, kürzere Arbeitszeit usw.) mit einem Schlage wieder rückgängig gemacht wurden und die Produktion der Arbeiterinnen ihren absoluten Höchststand erreichte und zwölf Wochen lang hielt.

An diesem Punkt erkannten *Elton Mayo* und sein Team, daß die Annahmen, von denen sie ausgegangen waren, sich nicht halten ließen. Sie hatten das Experiment begonnen, um den Einfluß äußerlicher Arbeitsbedingungen (Lohn, Arbeitszeit usw.) quantitativ zu bestimmen. An seinem Ende stand die Entdeckung eines neuen Faktors, der psychischen und vor allem der sozialen Begleitphänomene der industriellen Arbeit. In den beiden folgenden Abschnitten der Hawthorne-Untersuchung konzentrierten sich die Forscher dann auch auf diese: zunächst in einem umfassenden Interview-Programm, von dem in den Jahren 1928 bis 1930 über 21 000 Arbeiter und Angestellte der Hawthorne-Werke erfaßt wurden, dann in der Einzelstudie einer Arbeitsgruppe, ihrer Struktur und Gesetzmäßigkeiten, in den Jahren 1931 und 1932.

Von den zum Teil erst viele Jahre später erschienenen Veröffentlichungen über das Hawthorne-Experiment sind soziologisch vor allem die beiden Bücher von *Elton Mayo* bedeutsam: „The Human Problems of an Industrial Civilization“ (1933) und „The Social Problems of an Industrial Civilization“ (1945).

Daneben verdienen aber auch die spezielleren Forschungsberichte von *F. J. Roethlisberger* und *W. J. Dickson* („Management and the Worker“, 1939) und von *T. N. Whitehead* („The Industrial Worker“, 1939) Beachtung. Eine Zusammenfassung der vielen kritischen Einwände gegen die Hawthorne-Untersuchungen liefert jetzt vor allem das Werk von *M. Landmann* („Hawthorne Revisited“, 1959).

Daß das Hawthorne-Experiment zum Wendepunkt der Industrie- und Betriebssoziologie geworden ist, daß seine „Schlußfolgerungen geradewegs in den Bereich der Soziologie geführt haben“ (*D. C. Miller* und *W. H. Form*[42]), war ihr gleichsam unbeabsichtigtes Resultat. *E. Mayo* hat eindrucksvoll beschrieben[43]), wie langwierig der Weg von der „rabble hypothesis“, der „Hordenhypothese“, für die der Arbeiter eine bloß materiell-egoistisch motivierte Kreatur ist, zur Anerkennung sozialer Motive und Gruppierungen in der Industrie auch für ihn war. Auch die reifen Schlußfolgerungen *E. Mayos* sind nicht durchweg soziologischer Natur. Doch ist der Einwand, daß diese Arbeiten nicht „als im eigentlichen Sinne betriebssoziologische anzusprechen sind, da ihnen die grundsätzlich soziologische Betrachtung und Behandlung noch abgeht“[44]), nur im Hinblick auf die ursprünglichen Pläne und Absichten ihrer Urheber, nicht aber in dem auf die Bedeutung dieser Arbeiten haltbar. Zumindest folgende Ergebnisse des Hawthone-Experiments dürfen als eindeutige Beiträge zur Industrie- und Betriebssoziologie festgehalten werden[45]):

(1) „Die soziale Welt des Erwachsenen ist in erster Linie durch seine Arbeitstätigkeit geprägt.“ (*C. D. Miller* und *W. H. Form*). An vielen Stellen haben die Hawthorne-Untersuchungen gezeigt, daß der Beruf und die sozialen Arbeitsbeziehungen nicht ein Fremdes im Leben des Arbeiters sind, das seine menschliche Entfaltung in der

---

42) Industrial Sociology (New York 1951); S. 9/10.

43) The Social Problems of an Industrial Civilization (a.a.O.,); Kap. II.

44) L. H. A. Geck: a.a.O.; S. 117.

45) Die folgende Formulierung der Ergebnisse der Hawthorne-Untersuchungen ist zum Teil an der Darstellung von D. C. Miller und W. H. Form (a.a.O.; S. 72/73) orientiert.

Gesellschaft hemmt, sondern daß sein soziales Leben im Gegenteil von der Berufssphäre her Gestalt und Bedeutung gewinnt. Anspruchshorizont und sozialer Status, Verbrauchsgewohnheiten und Verhaltensformen, Arten und Bestimmungsgründe sozialer Beziehungen sind direkt von der sozialen Erlebniswelt im Industriebetrieb bestimmt.

(2) „Industriearbeit ist stets Gruppentätigkeit" (*D. C. Miller* und *W. H. Form*). Die Annahme, daß der Arbeiter im modernen Industriebetrieb als Einzelner seinen egoistischen Zielen nachgeht, ist falsch. Tatsächlich bilden sich allerorten im Industriebetrieb sogenannte „informelle Gruppen" auf Grund der verschiedensten Faktoren. Diese Gruppen bestimmen nicht nur den Arbeitsrhythmus ihrer Mitglieder („Bremsen"), sondern die gesamte Bewertung der Betriebsumwelt, das Sicherheitsgefühl, die sozialen Verhaltensformen und die Leistungsfähigkeit. In der Annahme der Bedeutung informeller Gruppenbildung für den Arbeiter liegt eine Erklärung der überraschenden Ergebnisse der frühen Hawthorne-Experimente.

(3) Die andere Erklärung liegt in der Annahme der Bedeutung von sozialem Prestige und persönlichem Ansehen für den Arbeiter. Ohne Zweifel hat die besondere Beachtung, die die untersuchten Gruppen über lange Zeiträume hin gefunden haben, das Ihre zur Steigerung der Arbeitsleistung beigetragen. Die Position des Einzelnen innerhalb des sozialen Gesamtgefüges Betrieb, insoweit sie sich ausdrückt im Verhalten gewordenen Ansehen oder Prestige, befriedigt das Sicherheitsbedürfnis der Arbeiter in mindestens so hohem Maße wie hohe Löhne und ist für ihr Sozialleben von eher noch größerer Bedeutung.

(4) An der Grenze von Industriesoziologie und Industriepsychologie liegen die Ergebnisse der Hawthorne-Studien, die sich auf Phänomene der Monotonie, der Ermüdung, generell der „Psychophysik der industriellen Arbeit" beziehen. Bedeutsam ist hier vor allem die fast lächerlich trivial klingende Feststellung, daß „Beschwerden nicht ... als Tatsachen an sich, sondern als Symptome oder Anzeichen persönlicher oder sozialer Situationen" zu ver-

stehen sind[46]). In dieser Feststellung verbirgt sich manche neue Einsicht, wie z. B. daß Lohnforderungen oder Beschwerden über Monotonie häufig ihren Grund in ganz anderen Unzufriedenheiten haben, daß auch hier Fragen der sozialen Einordnung und Zugehörigkeit häufig zugrunde liegen.

Man mag sagen, daß diese Resultate eine jahrelange kostspielige Untersuchung eigentlich nicht rechtfertigen, daß sie weitgehend Gemeinplätze sind. In solchem Urteil zeigt sich indes nur, wie weit sich das allgemeine Bewußtsein und die wissenschaftliche Forschung von den ganz anderen „Gemeinplätzen" der 20er Jahre entfernt haben: Als *Mayo* und seine Mitarbeiter mit ihren Untersuchungen begannen, waren ihre späteren Resultate noch nicht einmal für sie selbst, geschweige denn für breitere Kreise selbstverständlich. So sehr dieses Verdienst der Arbeiten von *Mayo* der Betonung bedarf, so notwendig ist es jedoch andererseits, die Grenzen des *Mayo*schen Ansatzes zu betonen. Zuweilen hat man heute den Eindruck, daß auch *Mayo* — wie vor ihm, in ganz anderer Weise, *Taylor* — mehr durch die Kritik, die sein Werk fand, als durch seine eigenen Thesen wirksam geworden ist. Jedenfalls hat diese Kritik eine Reihe von beachtlichen Argumenten hervorgebracht.

Mayo hatte bewußt gegen die falschen „Abstraktionen" sozialwissenschaftlicher Theorien den „klinischen Ansatz" an den „besonderen menschlichen Situationen" gesetzt[47]). Spätere Beurteiler sahen in diesem „klinischen Ansatz" ein „klinisches Vorurteil"[48]). *Mayo* ist, so sagt *W. E. Moore*, der bedeutendste amerikanische Industriesoziologe der Gegenwart, „sich der Rolle der Theorie in sozialen Forschungen nicht bewußt. Statt dessen ist er dafür, massenhaft und anscheinend ohne System Beobachtungen zu sammeln. Nirgends macht er klar, wie es kommt, daß man weiß, wo

---

46) F. J. Roethlisberger und W. J. Dickson: Management and the Worker (2. Aufl. Havard 1950); S. 269.

47) The Social Problems of an Industrial Civilization (a.a.O.); S. 51.

48) So D. C. Miller und W. H. Form: a.a.O.; S. 97 ff.

man anfangen soll, die unendlichen Phänomene des Alls zu beobachten"[49]). Schlimmer noch ist vielleicht, daß *Mayo* vielfach und in beachtlicher Naivität an die Stelle der fehlenden Theorie Werturteile setzt, die in der Regel den Wert der „Organisation", der „Kooperation", des reibungslosen Funktionierens sozialer Systeme betonen.

Dies ist auch einer der Gründe dafür, daß *Mayo* sich den Vorwurf gefallen lassen mußte, ein Vorurteil zugunsten der Unternehmerinteressen zu zeigen. Die Rede von der „Management-Soziologie" ist in den Vereinigten Staaten im Hinblick auf *Mayo* aufgekommen. Ihr liegt die Tatsache zugrunde, daß das Hawthorne-Experiment aus der Suche nach Mitteln und Wegen zur Produktivitätssteigerung geboren, unter der Leitung von Unternehmervertretern durchgeführt worden und in seinen Resultaten einseitig mißbrauchbar ist. Es ist gesagt worden, daß *Mayo* und seine Kollegen „unkritisch die Auffassung der Industrie vom Arbeiter als einem Mittel, das gehandhabt und angepaßt werden kann zu unpersönlichen Zwecken, akzeptieren"[50]), also gewissermaßen den Arbeiter als soziales Wesen in ein System des „Taylorismus" einbauen.

Der schwerwiegendste Einwand gegen das Werk von *Elton Mayo* wie gegen das vieler amerikanischer und neuerdings auch deutscher Industrie- und Betriebssoziologen ist indes mehr sachlich-soziologischer Natur: *Mayo* weicht in typischer Weise Phänomenen des sozialen Konflikts durch die Psychologisierung des Arbeiterverhaltens aus. Es ist darauf hingewiesen worden, daß in allen Hawthorne-Studien von Gewerkschaften, Streiks, Lohnkämpfen fast nie die Rede ist[51]). Wo die Beschwerden der befragten Arbeiter sich nicht auf lösbare Probleme reduzieren lassen, werden sie als „Defekte" oder „Verfälschungen der Ein-

---

49) In einer Rezension von Mayos Buch „The Social Problems usw." im American Sociological Review (Februar 1947); S. 123.

50) D. Bell; zitiert von D. C. Miller und W. H. Form: a.a.O.; S. 78.

51) Auch die Wirtschaftskrise wird nur ganz am Rande erwähnt, obwohl sie doch den Abbruch der Hawthorne-Untersuchungen erzwang.

stellung" abgetan[52]). Damit wird die Möglichkeit echter sozialer Interessengegensätze innerhalb des Industriebetriebes und der Industrie von vornherein ausgeschaltet. Die Mängel dieser Auffassung hat der amerikanische Industriesoziologe *H. L. Sheppard* in einem Aufsatz über die „Behandlung des Konflikts in der amerikanischen Industriesoziologie" in vier Punkten zusammengefaßt, die hier ausführlich wiedergegeben seien[53]):

„Erstens und vor allem finden wir, meiner Meinung nach, eine systematische Unterschätzung des Konflikts und die oft ausdrückliche Leugnung von wirtschaftlichen und politischen Bestimmungsfaktoren des industriellen Friedens, sowohl innerhalb als auch außerhalb der Fabrik. Zweitens ist das Beobachtungsgebiet auf die Fabrik selbst beschränkt, als existiere sie in einem Vakuum — alle für Konflikt oder Zusammenarbeit verantwortlichen Faktoren finden sich innerhalb der ‚sozialen Organisation des Betriebes'. Drittens geht jede Verringerung des Konflikts in erster Linie auf das Eingreifen des Unternehmers zurück, nicht in Form gemeinsamer Entscheidungen über zentrale Fragen oder in Form von Konzessionen an die Forderungen der Arbeiter — in welchen Fällen eine Neuverteilung der Macht nötig wäre —, sondern in Form der Anwendung ‚sozialer Fertigkeiten' [ein Terminus von *Mayo* — R. D.] einschließlich der Fähigkeit, die Arbeiter über ihre Beschwerden zum Reden zu bringen, um sie zu überreden, diese Beschwerden neu zu interpretieren, so daß das Unternehmen als Gegenstand ihrer Agression ausgeschaltet wird, und in der Form der Ausnutzung der egoistischen, status-suchenden Tendenzen im Durchschnittsarbeiter. Viertens bestehen die industriellen Beziehungen nach dieser Auffassung aus Beziehungen zwischen Einzelpersonen, in erster Linie zwischen einzelnen Arbeitern oder Arbeitern und Werkmeistern, und der Ursprung des industriellen Konflikts findet sich auf dieser Ebene."

Elton Mayos Werk ist für die Industrie- und Betriebssoziologie durch seine positive Leistung wie durch die Kritik, zu der es herausgefordert hat, fruchtbar geworden. Selbst wenn man nicht geneigt ist, diesem Werk eine so

52) So Mayo in: The Social Problems of an Industrial Civilization (a.a.O.); S. 68/9.

53) H. L. Sheppard: Approaches to Conflict in American Industrial Sociology; in: British Journal of Sociology V/4 (Dez. 1954); S. 327.

zentrale Stellung in der Industrie- und Betriebssoziologie zuzuschreiben, wie dies in den Vereinigten Staaten zuweilen geschehen ist, läßt sich doch schwerlich leugnen, daß die durch und gegen *Mayo* und seine Mitarbeiter vermittelten Einsichten unser Wissen um die soziale Realität der Industrie, unseren methodischen Apparat und unsere Fragestellungen um mehr als irgendein anderes einzelnes Werk bereichert haben. Gewiß waren manche von *Mayos* Resultaten nicht „neu" — *Ch. Cooley* in Amerika, *W. Hellpach* in Deutschland hatten schon Jahre früher auf die Bedeutung der Gruppenbildungen hingewiesen. Gewiß lassen sich auch nicht alle Resultate des Hawthorne-Experiments von der amerikanischen auf die englische, französische oder deutsche Industrie übertragen. Das Bemühen aber, die sozialen Probleme der Industrie und des Industriebetriebes in voller Breite und mit stetem empirischem Bezug wissenschaftlich zu erforschen, ist durch die Mitarbeiter des Hawthorne-Experiments weit vorangetrieben worden.

4. Der gegenwärtige Stand industrie- und betriebssoziologischer Forschung

Die Autoren und Arbeiten, über die bislang in diesem Kapitel berichtet worden ist, bezeichnen eher die Entwicklung *zur* als die Entwicklung *der* Industrie- und Betriebssoziologie. Auch wenn man die zweifelhafte Bestimmtheit der Behauptung, daß „der Beginn der eigentlichen Geschichte der Industriesoziologie für 1946 angesetzt werden" darf[54]), zu vermeiden vorzieht, bleibt doch unleugbar, daß die Abgrenzung von Gegenstand und Ansatz der Industrie- und Betriebssoziologie erst in allerjüngster Zeit so weit gediehen ist, daß die Rede von dieser speziellen Soziologie als selbständiger Disziplin gerechtfertigt erscheint. Wenn trotzdem die Problematik und Methodik früherer Forschungen hier verhältnismäßig ausführlich behandelt worden ist, so geschah dies nicht nur zu wissen-

54) L. H. A. Geck: Artikel Industrie (Industriesoziologie); in: W. Bernsdorf und F. Bülow (Hg.): Wörterbuch der Soziologie (Stuttgart 1955); S. 230.

schaftshistorischen Zwecken, sondern vor allem, um die allmähliche Erschließung der Themen und Methoden der Industrie- und Betriebssoziologie an Beispielen zu verdeutlichen. Bei der Fülle von Publikationen in den Jahren seit 1945 ist eine solche Ausführlichkeit nicht mehr möglich. Aufzählende Erwähnung der wichtigsten Autoren und Forschungsgebiete muß hier die deutende Einordnung in einen Entwicklungszusammenhang ersetzen.

Als *D. C. Miller* und *W. H. Form* im Jahre 1951 zuerst ihr großes Lehrbuch der Industriesoziologie veröffentlichten, konnten sie noch mit einigem Stolz schreiben: „Dieses Buch ist das erste, das den Titel ‚Industriesoziologie' trägt"[55]). Zwar konnte man auch damals schon auf die „Betriebssoziologie" von *G. Briefs,* auf das Sonderheft „Industriesoziologie" des American Journal of Sociology (Januar 1949) und einige kleinere Veröffentlichungen verweisen, doch war der Band von Miller und Form seinerzeit die gründlichste Einführung in den Gesamtbereich der Industrie- und Betriebssoziologie. Seither sind allerdings viele andere Gesamtdarstellungen neben diesem Band zu erwähnen: Der in Vorbereitung befindliche bibliographische Forschungsbericht „Industriesoziologie" des Internationalen Soziologenverbandes; in den Vereinigten Staaten *Th. Caplows* „Soziologie der Arbeit" (1954), *R. Dubins* „Welt der Arbeit" (1958), *E. V. Schneiders* „Industrielle Soziologie" (1959); in England *J. A. C. Browns* (fälschlich so benannte) „Sozialpsychologie der Industrie" (1954, dt. Psychologie der industriellen Leistung, 1956); im französischen Bereich *A. Touraines* Beitrag „Industriesoziologie" zu dem von *R. König* herausgegebenen „Handbuch der empirischen Sozialforschung" (1961) sowie die seit 1959 erscheinende Zeitschrift „Sociologie du travail"; in Deutschland *H. Schelskys* Beitrag „Industrie- und Betriebssoziologie" zu dem von *A. Gehlen* und ihm herausgegebenen Lehrbuch der Soziologie, *R. Lepsius'* „Strukturen und Wandlungen im Industriebetrieb" (1960), *F. Fürstenbergs*

[55]) A.a.O., S. 12.

historische „Industriesoziologie" (1960) und systematische „Wirtschaftssoziologie" (1961); viele andere Veröffentlichungen ließen sich hinzufügen[56]).

Bestätigt schon die wachsende Zahl einführender Gesamtdarstellungen ein gewisses methodisches und thematisches Selbstbewußtsein der Industrie- und Betriebssoziologie in jüngster Zeit, so gilt dies in noch stärkerem Maße von einigen Versuchen, das Material dieser Disziplin theoretisch zu durchdringen und eine analytisch-soziologische Gesamtinterpretation der industriellen Arbeitswelt vorzulegen. In Deutschland bilden neben *E. Michels* älterer „Sozialgeschichte der industriellen Arbeitswelt" alle erwähnten Veröffentlichungen einen Ansatz zu diesem Ziel. Vor allem ist hier im europäischen Bereich jedoch das Werk des französischen Arbeitssoziologen Georges Friedmann zu nennen. *G. Friedmann* setzt an der Frage der Stellung des „Menschen in der mechanisierten Produktion", der Möglichkeiten zur Befriedigung seiner psychischen und sozialen Ansprüche innerhalb der industriellen Arbeitswelt, an[57]). Er ist insofern ebenso sehr Arbeitspsychologe wie Industriesoziologe. Umfassende Strukturanalysen bieten demgegenüber insbesondere die beiden großen Arbeiten von *Th. Caplow* und *W. E. Moore*. Moores „Industrielle Beziehungen und die soziale Ordnung" („Industrial Relations and the Social Order", 1946) dürften bis heute der erfolgreichste Versuch sein, „das Funktionieren der Struktur [der modernen Industrie] als ganzer" zu analysieren[58]). Weil er die Forderung nach Einbeziehung des Sozialgefüges Industrie in die Gesamtstruktur der Gesellschaft ernst nimmt, ist es *Moore* gelungen, viele isolierte Annahmen der Industrie- und Betriebssoziologie über Gruppenbildungen, Autoritätshierarchie, Machtverteilung usw. zu einem kohärenten Gesamtbild zu verknüpfen.

---

56) Vgl. für die genauen Titel sämtlicher in diesem Abschnitt erwähnten Werke das Literaturverzeichnis am Schluß des Bandes.

57) Friedmanns Hauptwerke sind auch auf deutsch erschienen: Der Mensch in der mechanisierten Produktion (1952), Zukunft der Arbeit (1953), Grenzen der Arbeitsteilung (1959).

58) Industrial Relations and the Social Order (New York 1946); S. VII.

Nicht zufällig ist *W. E. Moores* Buch in den Vereinigten Staaten geschrieben worden. Wissenschaftshistorische (das Hawthorne-Experiment), soziale (die Bedeutung der Großbetriebe) und auch wirtschaftliche (die Verfügbarkeit von Geldern für empirische Untersuchungen) Gründe haben dazu beigetragen, daß die Industrie- und Betriebssoziologie sich in den Vereinigten Staaten früher als in den europäischen Ländern zur selbständigen Disziplin entwickelte. Im Anschluß an das Werk von *E. Mayo* sowie auch an die Untersuchungen und Analysen von *W. L. Warner* („The Social System of the Modern Factory", 1947) *J. Burnham* („Das Regime der Manager"), *P. F. Drucker* („Gesellschaft am Fließband", 1949), *Ch. I. Barnard* („Functions of the Executive", 1939) hatte die amerikanische Industriesoziologie im Anfang der 40er Jahre unseres Jahrhunderts eine erhebliche Blüte erreicht, wie sie etwa auch aus dem von *W. F. Whyte* herausgegebenen Sammelband „Industrie und Gesellschaft" (1946), in dem neben den schon erwähnten mit *B. Gardner* und *D. C. Moore* weitere bedeutende amerikanische Industriesoziologen schrieben, spricht. Auch die Zeit der ersten Veröffentlichung von *Moores* Werk — 1946 — scheint allerdings, von heute aus gesehen nicht ganz zufällig: Nach dem Kriege verlagerte sich der Schwerpunkt industriesoziologischer Forschung eindeutig nach Europa. Zwar verschwand die Industrie- und Betriebssoziologie keineswegs aus den Zeitschriften, Verlagskatalogen und Hochschul-Lehrplänen der USA, doch trat dieser Bereich ein Jahrzehnt lang in der Forschung zurück, um erst in den allerletzten Jahren (und z. T. unter dem Eindruck europäischer Entwicklungen) wieder eine stärkere Rolle zu spielen: Arbeiten wie die von *R. Dubin* und *W. Kornhauser* („Industrieller Konflikt"), *R. Bendix* („Herrschaft und Industriearbeit"). *S. M. Lipset* („Gewerkschaftsdemokratie"), *H. Hartmann* („Autorität und Organisation im deutschen Management") *S. M. Miller* („Die Bedeutung der Arbeit") und vielen anderen bestätigen nicht nur das wiedergewonnene Interesse, sondern auch den außerordentlich hohen Stand der amerikanischen Industriesoziologie in allerjüngster Zeit[59]).

Auch an den kanadischen Universitäten hat die industrielle Sozialforschung sich in den letzten Jahren zu erheblicher Blüte entwickelt, wobei insbesondere die Abteilung für industrielle Be-

59) Zur Darstellung der Industriesoziologie in den USA vgl. neben der Schrift von Ferrarotti (unten Anm. 60) vor allem den Beitrag von W. F. Whyte und F. B. Miller zu dem von S. B. Gittler herausgegebenen Sammelwerk: Review of Sociology (New York 1957).

ziehungen an der Universität Laval von Quebec (*R. Chartier, G. Dion, C. F. Owen* und andere) mit ihren zahlreichen Veröffentlichungen sowie ihrer Zeitschrift „Relations Industrielles" hervorzuheben ist.

Im Grunde ist jedoch die industrielle Sozialforschung eine europäische Domäne. Historisch war der große Gegenstand der amerikanischen Soziologie die Gemeinde („community"), der der europäischen dagegen der Industriebetrieb. Dieser historische Grund mag eine der Ursachen für die wissenschaftshistorisch ungewöhnliche simultane Entfaltung der industrie- und betriebssoziologischen Forschung in vielen europäischen Ländern nach dem Kriege gewesen sein. Daneben spielte sicher auch der Wunsch einer neuen Generation von Soziologen eine Rolle, an Hand eines konkreten Erfahrungsbereiches der Soziologie selbst methodisch neue Wege zu eröffnen. Jedenfalls weisen die Jahre von 1945 bis zur Gegenwart in allen europäischen Ländern eine außerordentliche Zahl industrie- und betriebssoziologischer Forschungen auf. Allein mit den veröffentlichten Untersuchungen ließe sich eine respektable Bibliothek füllen: in vielen Ländern sind speziell industriesoziologische Forschungsinstitute entstanden: die nationalen soziologischen Gesellschaften (wie auch der Internationale Soziologenverband) haben Sektionen für Industriesoziologie gegründet; industriesoziologische Zeitschriften und Buchreihen sind erschienen; usw. Erst in allerjüngster Zeit mag es scheinen, als mache sich ein gewisses Erlahmen des Interesses an industriesoziologischer Forschung bemerkbar; doch ist diese Tendenz noch zu jung, um Extrapolation zu erlauben[60]).

Es ist kaum möglich, schon jetzt in den europäischen Forschungen zur Industriesoziologie aus der Nachkriegs-

60) Vgl. zur Problematik und Darstellung der europäischen und amerikanischen Industriesoziologie seit dem Kriege das hervorragende Buch von F. Ferrarotti: La sociologia industriale in Europa e in America (Turin 1959).

zeit bestimmte Schwerpunkte zu erkennen. Nur mit allem Vorbehalt sei daher gesagt, daß die Themen der Lage des Arbeiters im Betrieb und Gesellschaft und des Verhältnisses von Mensch und Technik im Vordergrund des Interesses standen. Daneben sind jedoch so viele andere Probleme bearbeitet worden, daß eine kurze Darstellung der Forschung in verschiedenen europäischen Ländern kaum ein angemessenes Bild der tatsächlichen Vielfalt vermitteln kann.

In England hat sich lange Zeit eine klar abgegrenzte Industriesoziologie ebensowenig wie eine als solche bezeichnete allgemeine Soziologie entwickelt. Nationalökonomen, Sozialpolitiker und Psychologen hatten hier indes seit langem schon eine starke soziologische Orientierung, die sich in ihren Forschungen niederschlug. Thematisch stand dabei die Lage des Arbeiters, insbesondere der industrielle Konflikt im Vordergrund. Wenigen allgemeinen Arbeiten (wie *E. Jaques'* *„Changing Culture of a Factory"*, 1951) stehen eine große Zahl von Arbeiten über Gewerkschaften (*G. D. H. Cole*, *J. Goldstein*, *A. Flanders*), Streiks (*K. G. J. C. Knowles*), die inner- und außerindustrielle Situation bestimmter Arbeitergruppen (*F. Zweig*) gegenüber. Auch die empirischen Industrieforschungen der Sozialwissenschaftlichen Fakultät der Universität Liverpool unter *T. S. Simey* (mit der Monographie über „The Dockers", 1955) gehen in diese Richtung, wie insbesondere an den wichtigen Arbeiten von *W. H. Scott* („Joint Consultation", 1952), *J.* und *O. Banks* deutlich wird. Allgemeinere Fragen der Organisation einerseits, das Spezialstudium der die Arbeitsleistung und Arbeitsstetigkeit beeinflussenden Faktoren andererseits beherrschen die Forschungen von *P. Sargant Florence* und seinen Mitarbeitern an der Universität Birmingham, von denen vor allem *W. Baldamus* („Types of Work and Motivation", 1951) durch eine Reihe von Veröffentlichungen hervorgetreten ist. Eher industriepsychologisch orientierte Studien sind in den letzten Jahren mit Unterstützung der Nuffield Foundation und das Aceton Society Trust sowie im Rahmen des National Institute of Industrial Psychology und des Tavistock Institute of Human Relations durchgeführt worden[61]).

---

[61]) Zur Darstellung der britischen Industriesoziologie vgl. neben dem zitierten Werk von Ferrarotti (Kap. IV) G. B. Mitchell und andere:

In Frankreich ist man versucht zu sagen, daß mit Ausnahme der wenigen an der Sorbonne tätigen Soziologen (und auch hier gilt die Ausnahme für *A. Philip* und *J. Stoetzel* eigentlich nicht) die gesamte soziologische Forschung der Nachkriegszeit industriesoziologische Themen zum Gegenstand hat. Institutioneller Rahmen dieser Forschungen war und ist entweder die arbeitssoziologische Abteilung des Musée de l'Homme oder das industriesoziologische Institut im Centre Nationale de la Recherche Scientifique. In mehr oder minder engem Zusammenhang mit diesen Institutionen hat — wenn man vom Werk *G. Friedmanns* sowie den letzten Veröffentlichungen von *H. Dubreuil* („Le Travail et la civilisation", 1953) absieht — vor allem die jüngere Generation der französischen Soziologen eine Vielzahl von Untersuchungen und Analysen vorgelegt. Hier ist zu denken an: *M. Crozier* mit mehreren Arbeiten zur Einstellung von Arbeitern und Arbeiterinnen zu ihrer Tätigkeit und ihrem Betrieb („Petits fonctionnaires au travail", 1955; „Le climat humain dans les manufactures de tabac", zus. m. *C. Eichisky,* 1958; „Employés de banque", zus. m. *C. Marenco,* 1959; „Groupes et Chefs", zus. m. *B. Pradier,* 1959; u. a.); *V. Isambert* mit vielseitigen Untersuchungen („L'industrie horlogère", 1955; „Travail féminin et travail à domicile", zus. m. *M. Guilbert,* 1956; „L'apprentissage et l'activité professionelle", 1958); *P. Naville* mit seinen allgemeinen Analysen zur Geschichte und Gegenwart des Arbeitslebens („La vie de travail et ses problèmes", 1954; „De l'aliénation à la jouissance", 1957); *A. Touraine* mit seinen Studien des Arbeiterbewußtseins („L'évolution du travail ouvrier aux usines Renault", 1955; zahlreiche Aufsätze); den in Paris arbeitenden Schweizer *A. Willener* mit seinen Beiträgen zur internationalen Studie der Montanunion über „Mechanisierungsgrad und Entlohnungsform" (1960); *J. Reynaud, J. R. Tréanton* und viele andere. Eine gewisse Spaltung zwischen der Faszination der empirischen Forschungsmethoden und der von diesen wenig berührten Sozialkritik ist vielleicht kennzeichnend für die französische Industriesoziologie; doch wird diese in der Geschichte der europäischen Sozialwissenschaft nicht seltene Spaltung in neuerer Zeit in zunehmendem Maße überwunden[62]).

Betriebssoziologische Forschung in Großbritannien, Soziale Welt 3 (1951/2); L. Podestà: Lo studio dei problemi umani nell' industria in Gran Bretagna, Relazioni Umani III (1958).

62) Für weitere Angaben über die französische Industriesoziologie vgl. Ferrarotti (Kap. VI) sowie A. Touraines Aufsatz in den Recherches Sociologiques II/2 (1955).

Auch in den anderen Ländern Westeuropas sind in der Nachkriegszeit zahlreiche soziologische Forschungen auf dem Gebiet der Industrie und des Betriebes durchgeführt worden: in Belgien vor allem im Zusammenhang des Institut de Sociologie Solvay (*A. Doucy* und andere) und der Universität Liège (*R. Clémens* und andere); in den Niederlanden, wo die Soziologie überhaupt ja eine ungewöhnliche Ausbreitung gefunden hat, an allen Universitäten, wobei vielleicht die Namen von *P. J. Bouman* („Industrieel climaat", 1960), *M. J. M. Daniels* („Mens en Onderneming", 1956), *J. Haveman* („De ongeschoolde arbeider", 1954), *F. van Heek* („Auf- und Abstieg in einem modernen Großbetrieb", 1957), *Th. J. Yzerman* („Bild und Wirklichkeit der Twents-Achterhorkschen Textilindustrie", 1957) hervorgehoben werden dürfen; in den skandinavischen Ländern sind vor allem die Forschungen von *T. Agersnap* (Oslo), *K. Svalastoga* (Kopenhagen), *A. Lundquist*, *T. Segerstedt*, *G. Westerlund* (Stockholm und Upsala) zu erwähnen; in Italien ist die industriesoziologische Forschung stark durch *F. Ferrarottis* Veröffentlichungen („Il dilemma dei sindacati americani", 1954; „La protesta operaia", 1955; „La sociologia industriale in America e in Europa", 1959) angeregt worden[63]).

Als bemerkenswert kann vielleicht gelten, daß das Interesse an industriesoziologischer Forschung am sogenannten Eisernen Vorhang keineswegs Halt macht. Nicht nur in Jugoslawien, wo allerdings Forschungen zur Beteiligung der Arbeiter am Management industrieller Unternehmen im Vordergrund stehen, sondern vor allem auch in Polen gibt es eine lebendige industriesoziologische Forschung zur Stellung und Einstellung von Arbeitern (*A. Holland, M. Nowakowski* u. a.). Es entsprach der Lage der Forschung, daß der polnische Industriesoziologe *J. Sczepanski* aus Lodz viele Jahre lang Vorsitzender der Sektion Industriesoziologie des Internationalen Soziologenverbandes war.

Es liegt hoffentlich mehr als eine Verzerrung durch fehlende Distanz in der Behauptung, daß die Breite der industriesoziologischen Forschung in den letzten Jahren in keinem Lande so groß war wie in der Bundesrepublik. Es

---

[63]) Vgl. für weitere Angaben über die Industriesoziologie in diesen Ländern Ferrarotti: a.a.O., Kap. V (Skandinavien), Kap. VII (Belgien), Kap. VIII (Niederlande), Kap. X (Italien).

dürfte schwer sein, den Namen eines deutschen Soziologen zu nennen, der sich nicht mit industrie- und betriebssoziologischen Problemen beschäftigt hat. Auch institutionell ist die Industriesoziologie an allen großen Universitäts- und Forschungsinstituten verankert, wobei vielleicht die Sozialforschungsstelle an der Universität Münster in Dortmund und das Institut für Sozialforschung in Frankfurt besonders hervorgehoben zu werden verdienen.

Bei Durchsicht der industriesoziologischen Veröffentlichungen der Nachkriegszeit fallen zunächst die vier großen Untersuchungen zur Mitbestimmung bzw. allgemeiner zur Stellung des Arbeiters in der modernen (Stahl-)Industrie ins Auge, die sämtlich von Forschungsgruppen durchgeführt worden sind: die Arbeiten von *H. Popitz, H. P. Bahrdt, E. A. Jüres* und *H. Kesting* („Technik und Industriearbeit", 1957; „Das Gesellschaftsbild des Arbeiters", 1957), von *Th. Pirker, S. Braun, B. Lutz* und *F. Hammelrath* („Arbeiter, Management, Mitbestimmung", 1957), vom Frankfurter Institut für Sozialforschung unter maßgeblicher Mitarbeit von *L. von Friedeburg* („Betriebsklima", 1956) sowie von O. *Neuloh* und Mitarbeitern („Die deutsche Betriebsverfassung", 1956; „Der neue Betriebsstil", 1960). So unterschiedlich diese Arbeiten in methodischem Ansatz, Grad der Analyse des Materials und z. T. auch ihren Ergebnissen sind, so sehr gehören sie doch zusammen als der große Beitrag der deutschen Industriesoziologie zu unserer Kenntnis der Stellung des Arbeiters.

Eine Reihe anderer Studien haben sich mit dem Arbeiter in seinen außerbetrieblichen Bezügen sowie mit dem Problem des Verhältnisses von Arbeitern und Angestellten beschäftigt: *K. Bednarik* („Der junge Arbeiter", 1953), *H. Kluth, R. Tartler, U. Lohmar* („Arbeiterjugend — gestern und heute", 1955), *R. Claessens* und Mitarbeiter („Arbeiter und Angestellte in der Betriebspyramide", 1960). Einige weitere Themen empirischer Forschung waren: informelle Gruppen (*R. König, H. Stirn*), die Stellung der Meister (*R. Lepsius*), Arbeitsfreude (*Ch. von Ferber*), Mechanisierungsgrad und Entlohnungsform (*B. Lutz*), Autoritätsstrukturen im Betrieb (*F. Weltz*), der Bergbau (*J. Jantke* und Mitarbeiter, *L. von Friedeburg*), Motivation und Leistungsanreize (*F. Fürstenberg*) — eine Liste von Themen und Namen, die sich noch erheblich verlängern ließe.

Auch an Versuchen der verallgemeinernden Durchdringung der industriellen Arbeitswelt fehlt es nicht. Neben den schon erwähnten Gesamtdarstellungen ist hier einerseits an die der Tradition der deutschen Betriebssoziologie verbundenen Arbeiten von *L. H. A. Geck* („Soziale Betriebsführung“, 2. Aufl. 1953), *E. Michel* („Sozialgeschichte der industriellen Arbeitswelt“, 3. Aufl. 1958), *F. H. Mueller* („Soziale Theorie des Betriebes“, 1952) zu denken. Andererseits bedürfen einige neuere Ansätze zur historischen (*C. Jantke:* „Der vierte Stand“, 1955), sozialpsychologischen (*A. Gehlen:* „Die Seele im technischen Zeitalter“, 1957), anthropologischen (*H. G. Stück:* „Anthropologische Grundlagen der betrieblichen Arbeitsorganisation“, 1958) und philosophischen (*F. Jonas:* „Sozialphilosophie der industriellen Arbeitswelt“, 1960) Analyse der Welt der Industrie der Erwähnung. In den Arbeiten von *R. Dahrendorf* („Sozialstruktur des Betriebes, 1959), *E. Gerwig* („Die soziologische Struktur des Industriebetriebes“, 1960), *R. M. Lepsius* („Strukturen und Wandlungen im Industriebetrieb“, 1961), *R. Mayntz* („Die soziale Organisation des Industriebetriebes“, 1959) und anderen liegen schließlich jetzt auch einige Ansätze zur systematischen Analyse der sozialen Betriebsstruktur vor[64]).

Man mag der deutschen Industrie- und Betriebssoziologie nachsagen, daß sie bestimmte Themen bisher vernachlässigt hat (Management, industrielle Konflikte) und daß sie eine eigentlich soziologische Theorie betrieblicher und industrieller Sozialstrukturen nicht hervorgebracht hat; über solchen und anderen Vorwürfen darf man jedoch die außerordentliche Vielfalt und Qualität dessen, was in den letzten Jahren geleistet worden ist, nicht übersehen. Die Zukunftsaufgabe der Industrie- und Betriebssoziologie mag — nicht nur in Deutschland — darin liegen, das oft allzu rasch und planlos angehäufte Material zu sichten und zu verallgemeinern. Das ist jedoch nur möglich, weil diese spezielle Soziologie schon heute (und als vielleicht einziger

---

64) Die hier erwähnten Werke stellen nur eine Auswahl dar; für weitere und genauere Angaben vgl. die Literaturhinweise im Schluß des Bandes. Eine ausführlichere Darstellung der deutschen Situation gibt im übrigen das im Text zitierte Werk von Lepsius sowie der Aufsatz von B. Lutz: Notes sur la sociologie industrielle en Allemagne, in Sociologie du Travail II (1959).

Zweig der Soziologie) ein so breites Material vorgelegt, so viele Kategorien seiner Verarbeitung entwickelt und eine so enge Zusammenarbeit zwischen Wissenschaftlern verschiedener Länder begründet hat, daß sie als etablierte wissenschaftliche Disziplin gelten kann.

III. Zur Sozialgeschichte der Industrie

Wird die Aufgabe der Industrie- und Betriebssoziologie in bewußtem Bezug auf das historische Phänomen der mechanisierten Fabrikindustrie formuliert, so hat diese Disziplin zu ihrer Voraussetzung eine systematische Sozialgeschichte der Industrie. Unter dem Paradoxon einer systematischen Geschichtsschreibung ist dabei der Versuch zu verstehen, die historisch-chronologische Entwicklung der Industrie zur Konzeption einer idealtypischen Abfolge betrieblicher und industrieller Sozialformen zu abstrahieren, ohne doch die bedeutsamen Folgeerscheinungen historisch-spezifischer Tatsachen, etwa des unterschiedlichen Zeitpunktes und der unterschiedlichen Formen der Industrialisierung in verschiedenen Ländern, zu verwischen. Wie die allgemeine Soziologie aus der Analyse von Gesellschaftstypen — z. B. Agrargesellschaften, industriellen Gesellschaften — oft ihre das Einzelphänomen aufschließende Kraft erhält, so muß die Industrie- und Betriebssoziologie schon jetzt zwischen den Phasen der industriellen Revolution, der Industrialisierung und der entwickelten mechanisierten Industrie unterscheiden und von dort her den Bezug ihrer Analysen klarstellen.

Typisierende historische Darstellungen sind bisher vor allem von Ökonomen vorgenommen worden. Dazu gehört die unten (S. 63) erwähnte „Phasentheorie der wirtschaftlichen Entwicklung" von *E. Boettcher;* vor allem aber der gern kritisierte, doch höchst eindrucksvolle Versuch von *W. Rostow*, fünf „Stadien des wirtschaftlichen Wachstums" zu unterscheiden: 1. die „traditionelle Gesellschaft", 2. die Zeit der „Voraussetzungen für den wirtschaftlichen Aufstieg", 3. die Periode des „wirtschaftlichen Aufstiegs" („take-off"), 4. die „Entwicklung zur Reife" und 5. die Zeit des „Massenkonsums"[1]). Diese Periodeneinteilung hat keinen unmittelbaren Bezug auf Probleme der Sozialstruktur der Industrie, doch ließe ein solcher sich gewiß herstellen. Die oben erwähnten Phasen decken sich bis zu einem gewissen Grade mit dem dritten, vierten und fünften Stadium bei *Rostow*.

Historisch hat nur ein einziges Land, nämlich England, die industrielle Revolution in all ihren Einzelphasen durchlaufen. Im Jahre 1769 erfand der Barbier *Arkwright* die erste Spinnmaschine. Seine Landsleute *Hargreaves* und *Crompton*, beide Textilarbeiter, verbesserten dieses Modell 1772 und 1775 durch neue Erfindungen. Von Wasserkraft angetrieben, ermöglichte diese Spinnmaschine eine 200mal größere Produktion als die frühere Handspinnerei. In das gleiche Jahr, in dem *Arkwright* seine Spinnmaschine in der eigenen Fabrik in Nottingham in Dienst gestellt hatte, fiel die Entwicklung der ersten Dampfmaschine durch *James Watt*. Nach ihrer Veränderung und Anpassung an die verschiedensten Bedürfnisse wurde die Dampfmaschine schließlich 1785 zur Energiequelle für die Baumwoll-, 1790 auch für die Eisenerzeugung. Erfindungen auf chemischen Gebiet und die Entwicklung des Verkehrswesen (Eisenbahn-, Straßen- und Kanalbau) folgten. So mag man sagen, daß um 1790 die industrielle Revolution abgeschlossen war[2]).

Man hat behauptet, die industrielle Revolution sei im Grunde weder industriell noch eine Revolution gewesen. Das gefällige Paradoxon ist nicht nur ein Spiel mit Begriffen.

Die industrielle Revolution war nicht industriell, insofern weder ihre Ursachen noch ihre Folgen sich ganz oder

---

[1]) Vgl. W. Rostow: Stadien wirtschaftlichen Wachstums (Göttingen 1960).

[2]) Vgl. zu den Daten an soziologisch orientierten Darstellungen vor allem E. Michel: Sozialgeschichte der industriellen Arbeitswelt (Frankfurt 1947), S. 54 ff.; C. Brinkmann: Wirtschafts- und Sozialgeschichte (Göttingen 1953), S. 145 ff.

auch nur vorwiegend innerhalb des Rahmens industrieller Produktion hielten. Vor allem die Frage der Ursachen beschäftigt die Soziologie seit langem unter dem Stichwort der „Entstehung des Kapitalismus", da ja die Daten der technischen Entwicklung allein wenig erklären. Die Theorien von *K. Marx, M. Weber* und *R. H. Tawney*[3]) weisen übereinstimmend auf die der industriellen Revolution vorangegangene „ideologische" und soziale Revolution hin. Die „traditionalistischen" Wertsetzungen der spätmittelalterlichen Agrar- und Standesgesellschaft mußten erst durch „rationalistische" abgelöst werden, wozu der Protestantismus, vor allem in seiner calvinistischen Ausprägung, vieles beitrug. Viele rechtliche und soziale Voraussetzungen (Privateigentum an Produktionsmitteln, Freisetzung von Arbeitskräften, Auflösung der Zunftordnung usw.) mußten zudem gegeben sein, ehe kapitalitische Fabrikproduktion möglich war[4]).

Wichtiger noch als die in der Diskussion um Religion und Frühkapitalismus erwähnten Faktoren, die ja sämtlich vor allem die Entstehung einer Unternehmerschicht betreffen, sind vielleicht — vor allem für jene Länder, die erst heute zu industrialisieren beginnen, aber auch im historischen Rückblick — die Voraussetzungen der Industrialirung auf Seiten der Lohnarbeiter. Hier scheint es, daß vor allem ein hohes Maß an Disziplinierung oder doch Bereitschaft zur Disziplinierung nötig ist, wenn die Industrialisierung erfolgreich sein soll. Von hier aus mag es sich erklären, daß in England zunächst zum Teil Gefängnisinsassen sowie Heim- und Waisenhausbewohner als Industriearbeiter beschäftigt wurden; unter diesem Aspekt bietet sich auch eine Analyse des Zusammenhanges von militärischer Organisation und industrieller Produktion an.

---

3) K. Marx: Das Kapital, Bd. I (Berlin 1953); M. Weber: Die protestantische Ethik und der Geist des Kapitalismus (Gesammelte Aufsätze zur Religionssoziologie, Bd. I, Tübingen 1922); R. H. Tawney: Religion and the Rise of Capitalism (Penguin Books 1948).

4) Vgl. dazu C. Jantke: Vorindustrielle Gesellschaft und Staat, in: A. Gehlen und H. Schelsky (Hg.): Soziologie (Düsseldorf-Köln 1955).

Auch daß die industrielle Revolution keine Revolution gewesen sei, läßt sich mit manchem Hinweis stützen. Lange schon hatte es Industriezweige gegeben, in denen viele hundert Arbeiter an einem Arbeitsplatz zusammenarbeiteten (Bergbau). Zudem hatten Haus- und Manufakturindustrie, vor allem im Textilgewerbe, schon seit dem 13. und 14. Jahrhundert Vorformen der Fabrikproduktion entwickelt. Allerdings gab es bezeichnende Unterschiede wie die Beschäftigung vorwiegend unfreier Arbeitskräfte (Waisenkinder, Strafgefangene) in der Manufaktur. Auch der Aufschwung des Handels, die Ansammlung von Kapital in Händen Einzelner, die Entwicklung der Buchführung datieren nicht erst vom späten 18. Jahrhundert, so daß die industrielle Revolution als „natürlicher" Endpunkt einer jahrhundertelangen Entwicklung erscheinen mag.

Dennoch hat, zumal für den Soziologen, der Begriff einer industriellen Revolution für die englische Entwicklung des späten 18. Jahrhunderts seinen guten Sinn. War diese Entwicklung auch weder so eindeutig industriell noch so eindeutig eine Revolution wie etwa die französische Revolution französisch und eine Revolution war, so begründete sie doch einen tieferen Einschnitt in der Sozialgeschichte der Menschheit als irgendein anderes historisches Ereignis. Die säkulare Bedeutung der industriellen Produktion wird wegen ihrer verhältnismäßigen Jugend oft übersehen, offenkundige Übergangserscheinungen voreilig als endgültige Ergebnisse interpretiert. Doch scheint angesichts der gewaltigen Umwälzungen, in denen wir noch heute auf Grund der durch die Industrialisierung eröffneten Möglichkeiten stehen, die Behauptung nicht unbescheiden, daß die industrielle Revolution einen Einschnitt ohnegleichen darstellt.

Die Periode der Industrialisierung, der allmählichen oder raschen Eroberung immer weiterer und Erschließung neuer Produktionszweige durch Fabrik und Maschine, setzte in verschiedenen Ländern zu verschiedenen Zeiten ein. Will man *H. Proesler*[5]) folgen und diese Entwicklung immer mit Kriegen beginnen lassen, so kann man seiner Liste — Frankreich nach den Napoleonischen Kriegen, Deutschland vor allem nach 1871, Amerika nach dem Sezessionskrieg — noch Rußland nach dem ersten, China und Indien nach dem zweiten Weltkrieg hinzufügen. Vieles unterscheidet die Industrialisierung in unserer Zeit von der im 19. Jahrhundert: ihr Tempo, die Gleichzeitigkeit in allen Industrien, die Rolle des Staates usw. Dennoch finden sich eine Reihe gerade für den Soziologen interessanter Begleit- und Folgeerscheinungen der Industrialisierung in allen Ländern und zu allen Zeiten wieder, so daß der Versuch, einige universelle Strukturformen dieser Periode industrieller Entwicklung festzuhalten, sinnvoll erscheint[6]).

Das hervorstechende wirtschaftliche Kennzeichen der Phase der Industrialisierung ist die extensive Steigerung der industriellen Produktion. Zuvor in erster Linie landwirtschaftlich und handwerklich produzierende Länder werden förmlich von der Industrie ergriffen. In mehr und mehr Produktionszweigen schießen immer neue Fabriken aus dem Boden. Wachsende Zahlen von Landarbeitern, Bauern und Handwerkern ziehen als Arbeiter in die Industrie. Sei es durch eine über Jahrzehnte sich hinstreckende „organische" Entwicklung, sei es mit staatlich kontrollierten Fünfjahresplänen, steigt die industrielle Güterproduktion im gleichen Rhythmus wie die Zahl der Unternehmen, Fabriken und Maschinen.

Sozial ist die extensive Steigerung der Produktion in der Phase der Industrialisierung durch eine alle Lebensbereiche erfassende Desorganisation tradierter Formen gekennzeichnet. Diese Desorganisation gewinnt in fünf Erscheinungen ihren (industrie-)soziologisch bedeutsamsten

5) Sozialgeschichte im Zeitalter des Industrialismus; in: Mensch und Betrieb (Nürnberger Abhandlungen zu den Wirtschafts- und Sozialwissenschaften, Heft 1, Berlin 1952); S. 22.

6) Zu dieser Behauptung vgl. vor allem Ansatz und Ergebnisse der wichtigen Studie von W. E. Moore: Industrialization and Labor (Ithaka-New York 1951) über „soziale Aspekte der wirtschaftlichen Entwicklung" in Mexiko.

Ausdruck: (1) in der Transformation relativ geschlossener Standes- oder Kastengesellschaften in offene Klassengesellschaften, (2) im Zerbrechen überlieferter Status-Hierarchien und der Gleichmachung aller Lohnarbeiter, (3) in der Schaffung einer Situation akuter Fehlanpassung und Entfremdung für die der Industrie zunächst fremd gegenüberstehenden Arbeiter, (4) in der Hervorbringung wachsender sozialer Notstände vor allem bei den Industriearbeitern, (5) in dem durch alle diese Umstände sich ständig verschärfenden Klassengegensatz von Unternehmern und Arbeitern.

Die meisten vorindustriellen Gesellschaften sind traditionalistisch in dem Sinne, daß nicht die sichtbare Leistung des Einzelnen, sondern sein Herkommen über sein soziales Schicksal entscheidet. Zu den führenden Positionen der Gesellschaft zumal wird man geboren, aber auch Bauern- und Handwerksbetriebe vererben sich vom Vater auf den Sohn und Enkel. Die festgefügte, oft weitverzweigte Familie bestimmt die Entfaltungsmöglichkeiten des Einzelnen. Solche Gesellschaften sind von relativ großer Stabilität: ihre nach oben und unten abgegrenzten Schichten (Stände, im Fall extremer Geschlossenheit Kasten) bezeichnen die Grenzen, die der Einzelne weder nach oben noch nach unten überschreiten kann. Ein solcher Gesellschaftstyp aber verträgt sich schlecht mit der industriellen Produktion. Zumal im Zeichen der Industrialisierung setzen umfangreiche Auf- und Abstiegsbewegungen ein. Abhängige Landarbeiter werden Unternehmer, selbständige Handwerker Lohnarbeiter. Die Familie verliert ihre zentrale Stellung; ihr Raum und der der Arbeit werden getrennt. Mit zunehmender Durchsetzung des Leistungsethos wird die Möglichkeit des Auf- und Abstieges (soziale Mobilität) institutionalisiert. Es entwickeln sich „offene" Schichten, Schichten, zu denen niemandem prinzipiell der Zugang versperrt ist, damit auch Instabilität und Desorganisation. An die Stelle des gegensatzlosen Nebeneinander zumal der städtischen Gesellschaftsschichten der vorindustriellen Gesellschaft tritt, insbesondere weil der selbständige Mittelstand im Sog der Industrialisierung weitgehend ausgeschaltet wird, das positionsbedingte Gegeneinander von Unternehmern und Arbeitern. Die verbleibenden Schichten sind zugleich Klassen, Interessengruppen.

Im engeren Bereich der Güterproduktion ist die Auswirkung dieses Wandels besonders spürbar. Die klare Trennung von Meister, Geselle und Lehrling, das Schichtungssystem der „Alters-Graduierung" (*W. L. Warner*), verliert seinen Sinn. In der Industrie, wo die Produktion in Fabriken zusammengefaßt ist, die Arbeitstätigkeiten aufgestückelt und die Arbeitsprozesse Maschinen übertragen sind, wird das Maß der erlernten Fertigkeiten oft gleichgültig. Handwerksmeister und ihre Lehrlinge, Bauern und ihre Landarbeiter finden sich nebeneinander in der Fabrik. Besondere Fertigkeiten werden mit jeder neuen Maschine sinnloser. „Es ist in der Tat der ständige Sinn und Zweck jeder Verbesserung der Maschinerie, menschliche Arbeit ganz und gar auszuschalten oder ihre Kosten zu verringern, indem die Arbeit von Männern durch die von Frauen und Kindern oder die gelernter Handwerker durch die gewöhnlicher [ungelernter — R. D.] Arbeiter ersetzt wird" (*A. Ure*[7]). So entsteht eine sozial undifferenzierte Masse wenig ausgebildeter Lohnarbeiter, deren Zahl so rasch wächst, daß schon darum zunächst jede Strukturierung unmöglich wird.

Mit der Auflösung der alten Sozialstruktur innerhalb und außerhalb der Industrie verlieren alle gewohnten Wertsetzungen und Verhaltensweisen ihren Sinn. Die neue Funktion der Familie, das Wachsen von Großstädten, die fehlende Sicherheit der ererbten Position verlangen ebenso eine völlige Neuorientierung wie die Arbeit in Fabriken und an Maschinen selbst. Dieser Neuanpassung standen und stehen in allen industrialisierenden Ländern große soziale und psychische Hindernisse entgegen. Unternehmern wie Arbeitern fehlen noch der veränderten Wirklichkeit angemessene Lebensformen. Bei den Arbeitern zumal äußert

---

[7]) A Philosophy of Manufactures (London 1835); S. 23.

sich dies in einem Gefühl der Fremdheit und des Ressentiments. Es wird nach Schuldigen für die als bedrohlich empfundene neue Umwelt gesucht. So kommt es zur Maschinenstürmerei und anderen isolierten Protestaktionen.

Schließlich hat die Industrialisierung fast stets Armut und Elend bei der Lohnarbeiterschaft zur Folge. Nicht nur wegen niedriger Löhne, sondern auch wegen der zumeist ungeregelten Wohnbedingungen und des Fehlens aller sozialen Sicherungen (Schutz vor Invalidität, Arbeitslosigkeit, Altersarmut usw.) fällt ein großer Teil der Arbeiter in primäre Armut. Frauen- und Kinderarbeit waren zumindest in den industrialisierenden Ländern Europas allgemein. Die Arbeitszeit kannte als Grenze kaum die Grenze der physischen Leistungsfähigkeit der Arbeiter.

Alle diese Erscheinungen führen zu sich verschärfenden Gegensätzen zwischen den Besitzern der Produktionsmittel, den „Kapitalisten" (bzw. auch „Bürokraten" oder „Managern"), und den vom Verkauf ihrer Arbeitskraft lebenden Lohnarbeitern. In einzelnen Betrieben zunächst, dann, mit beginnender Organisation der Arbeiter und Unternehmer, in Industriezweigen und Industrien treffen die Interessen der beiden an der Produktion beteiligten Gruppen aufeinander.

Die in diesen Stichworten angedeuteten Phänomene sozialer Desorganisation als Folgen der Industrialisierung sind aus der europäischen Literatur des 19. Jahrhunderts wohlbekannt. *K. Marx* und *F. Engels*, *H. de Saint-Simon* und *P.-J. Proudhon*, *A. Ure* und *R. Owen* haben sie eindringlich beschrieben. Aus dieser Literatur stammt aber auch das zum Teil noch bis in unsere Tage wirksame Vorurteil, daß die wesentlichen Begleiterscheinungen der Industrialisierung, wie das Fehlen stabiler Strukturen, die Gleichmachung der Arbeit auf einem niedrigen Fertigkeitsniveau, die Entfremdung des Arbeiters und der Klassengegensatz zwischen Unternehmern und Arbeitern, Erbübel oder doch konstitutionelle Folgen des industriellen Produktionssystems darstellten. Die falsche Identifizierung von Kapitalismus und Industrialismus hat das Ihre zur Verewigung dieser Auffassung beigetragen. In Wirklichkeit ist in Europa, den Vereinigten Staaten und inzwischen auch Rußland der ersten eine zweite industrielle Revolution gefolgt. Die Phase der Industrialisierung ist durch die der entwickelten mechanisierten Industrie abgelöst worden, die in ihren sozialen Auswirkungen viele der frühen Prognosen widerlegt hat.

Die zweite industrielle Revolution, in Amerika und Europa etwa durch die Verwirklichung des Taylorismus oder verwandter Auffassungen um 1900 bezeichnet, hat die extensive durch die intensive Steigerung der Produktion ersetzt[8]). Statt der Schaffung neuer intensivere Ausnutzung der vorhandenen Produktionsstätten, statt Vervielfältigung Zusammenfassung, statt Rekrutierung industriefremder Reorganisation der schon angelernten Arbeitskräfte, statt Ausdehnung und Profitvermehrung Rationalisierung und Wirtschaftlichkeit, — dies sind einige der Unterschiede des entwickelten Industrialismus von seinem Vorgänger, dem frühen Industrialismus. In vielen Produktionszweigen gewinnt der Großbetrieb überragende Bedeutung. Die dazu erforderliche Kapitalzusammenfassung verlangt neue Rechtsformen wie die Aktiengesellschaft mit ihrer Trennung von Eigentum und Kontrolle, von der schon *Marx* in einer späten Bemerkung sagte, sie sei „eine Aufhebung der kapitalistischen Privatindustrie auf der Grundlage des kapitalistischen Systems selbst“[9]).

Obschon auch hier wieder eine gründlichere sozialhistorische Untersuchung die Allmählichkeit der angedeuteten Entwicklung zeigen würde, sind sich doch viele neuere Sozialhistoriker über den Umschwung von der Desorganisation zu neuen Formen einer gewissen Stabilität um 1900 einig. Es ist die Rede von einer „neuen Stufe des Industrialismus“ mit „gänzlich neuen Typen der Unterneh-

---

8) Vgl. zu dieser Verwendung der Begriffe „extensiv“ und „intensiv“ jetzt auch E. Boettcher: Phasentheorie der wirtschaftlichen Entwicklung, in: Hamburger Jahrbuch für Wirtschafts- und Gesellschaftspolitik, 4. Jahr (1959).

9) Das Kapital, Bd. III (Berlin 1953); S. 480.

mung" (*E. Michel*[10]), vom „Zeitalter der industriellen Reife", in dem die „Ausschreitungen" früherer Zeit „mehr und mehr einem neuen sozialen Verantwortungsgefühl und Pflichtbewußtsein zu weichen" beginnen (*H. von Beckerath*[11]). „Durch diese sich in vielerlei organisatorischen Formen niederschlagenden Reformmaßnahmen und durch eine jenseits allen bewußten Planungszugriffes in den Tiefenschichten des menschlichen Verhaltens, in Gewohnheiten, Sitte, Antriebsstrukturen und Reaktionsfähigkeiten erfolgte Anpassung des Menschen an die moderne Technik, ihre Produktionsformen und ihre Sozialstrukturen ist auf vielen Gebieten der industriellen Arbeitswelt und Gesellschaft schon ein weitgehender Ausgleich früherer Spannungen gelungen, so daß wir heute neue Stabilisierungen im Verhältnis des Menschen zur Technik, zu seinen Arbeitsformen und einer sozialen Umwelt, im Verhältnis der sozialen Gebilde der industriellen Gesellschaft zueinander usw. beobachten können" (*H. Schelsky*[12]).

An den oben als soziale Folgen der Industrialisierung erwähnten Faktoren orientiert dürfen die wesentlichen Begleiterscheinungen der entwickelten mechanisierten Industrie unter folgenden Gesichtspunkten summiert werden: (1) Bei Institutionalisierung der sozialen Mobilität vor allem durch das Erziehungssystem hat sich eine neue differenzierte Schichtstruktur gebildet. (2) Auch in der Industrie sind neue Schichtungslinien innerhalb der Arbeiterschaft hervorgetreten. (3) Allmählich werden neue, spezifisch industrielle Lebensformen deutlich. (4) Die allmähliche Anerkennung eines sozialen Rechtes auf Schutz vor Armut findet im Wohlfahrtsstaat ihre gültige Verwirklichung. (5) Durch „Institutionalisierung des Klassengegensatzes" (*Th. Geiger*) sind die Arbeiter aus notleidenden Lohnempfängern zu industriellen Funktionsträgern geworden.

Um mit dem letzteren zu beginnen: Mit dem Erstarken

---

10) A.a.O.,; S. 81/2.

11) Großindustrie und Gesellschaftsordnung (Tübingen-Zürich 1954); S. 26.

12) Industrie- und Betriebssoziologie (a.a.O.); S. 159.

vor allem der Organisationen der Arbeiter ist die Überlegenheit der Unternehmer in Lohnstreitigkeiten und anderen Konflikten in Frage gestellt. Eine Neuverteilung der Macht setzt ein, bei der Unternehmer und Arbeiter als „Partner" erscheinen. „Das Spannungsverhältnis zwischen Kapital und Arbeit ist als Strukturprinzip des Arbeitsmarktes anerkannt und zur gesellschaftlichen Rechtseinrichtung erhoben" (*Th. Geiger*[13]). Dem offenen Kampf ist durch festgelegte Normen für Lohnverhandlungen und das industrielle Schlichtungswesen manches von seiner Schärfe genommen. Einrichtungen wie die der Betriebsräte und der Mitbestimmung zielen auf eine Ergänzung dieser Entwicklung.

Eine Folge der wachsenden Macht der Gewerkschaften ist der steigende Lebensstandard der Arbeiter. Wirtschaftliche Überlegungen („Ob es nicht doch rentabler ist, diese Massen als zusätzliche Verbraucher zu gewinnen"[14]) ebenso wie die Macht der Arbeiterorganisationen führen zu einer Ausdehnung der Gleichheitsrechte von der juristischen und politischen auf die soziale Sphäre und „schaffen so ein allgemeines Recht auf Realeinkommen, das nicht am Marktwert des Fordernden gemessen wird" (*T. H. Marshall*[15]). Sozialeinrichtungen vielfacher Art werden zum Schutz gegen Unfall und Krankheit, Arbeitslosigkeit und Alter entwickelt.

Die äußere Sicherung des Lebens in der industriellen Welt findet ihr Gegenstück in einer langsam wachsenden inneren Sicherheit, die sich vor allem in der allmählichen Gewöhnung an Maschine, Fabrik und Großstadt äußert. Der ressentimentgeladene Protest gegen die Maschine gibt bei vielen Arbeitern dem Versuch Raum, die Arbeitsweise dieser Instrumente zu verstehen und sie damit in das eigene Leben einzubeziehen. Innerhalb der Industrie nimmt die Vertrautheit mit dem industriellen Arbeitsrhythmus fast den Charakter einer allgemeinen Grundqualifikation

---

13) Klassengesellschaft im Schmelztiegel (Köln-Hagen 1949); S. 184.

14) H. Proesler: a.a.O.; S. 28.

15) Citizenship and Social Class (Cambridge 1950); S. 47.

an. Bleibt auch die Richtung dieser Anpassung vielerorts noch unklar, so ist sie doch ein spürbares Phänomen.

Die industrie- und betriebssoziologisch wichtigste Konsequenz der zweiten industriellen Revolution liegt wohl im Entstehen neuer Schichtungslinien innerhalb der Industriearbeiterschaft. Die Vermutung der Nationalökonomen und Sozialschriftsteller des 19. Jahrhunderts, daß die industrielle Entwicklung alle Arbeiter zu Ungelernten machen würde, hat sich nicht bewahrheitet. Vielmehr hat es den Anschein, als legten mit der Umstellung von extensiver auf intensive Produktionssteigerung nicht nur humanitäre, sondern vor allem auch wirtschaftliche Erwägungen es nahe, an Stelle ungelernter Kinder und Frauen zumindest kurzfristig ausgebildete Arbeiter zu beschäftigen. Selbst vollautomatische Maschinen bedürfen richtiger Behandlung. So entsteht die Kategorie der „Angelernten", von den nur mehr mit Hilfstätigkeiten befaßten Ungelernten nach Status, vor allem aber nach ihrer Lohnhöhe unterschieden. Die differentia specifica des angelernten Arbeiters ist dabei nicht so sehr eine formelle Ausbildungszeit als der Besitz von „Übung" und „Erfahrung" etwa in der Montage oder der Bedienung halbautomatischer Maschinen. Hinzu kommt, daß die Entwicklung, Instandhaltung und Reparatur der immer komplizierter werdenden Maschinen neue qualifizierte Arbeiter verlangt, deren Qualifikationen denen der traditioneller Handwerker eher überlegen sind als nachstehen. Diese oft beschriebene Entwicklung hat an Stelle der von *K. Marx* antizipierten homogenen Arbeiterklasse „zu einer wachsenden Differenzierung der Klassenlagen einzelner Kategorien der Arbeiterschaft" geführt[16]). Handwerker alten Stils, qualifizierte Facharbeiter, angelernte und Hilfsarbeiter bilden die Strukturelemente der Arbeiterschaft in der entwickelten mechanisierten Industrie.

Zugleich hat sich in dieser Entwicklungsphase das strukturelle Gesamtbild der Industrie wie der Gesellschaft kompliziert. Im Zuge der Rationalisierung der Produktion und

16) Th. Geiger: a.a.O.; S. 89.

ihrer Kombination in Großbetrieben entstehen neue Berufsfunktionen für Angestellte in Planungs-, Verkaufs- und Lohnbüros, Buchhaltung und Betriebsstatistik. Mit der Massengüterproduktion verlängert sich zudem der Weg vom Produzenten zum Konsumenten. Instanzen des Zwischenhandels entstehen, die wiederum Angestellte beschäftigen. Schließlich trägt die immer stärkere Kombination der Produktion zur Schaffung einer ausgedehnten staatlichen Verwaltungsbürokratie bei. So entsteht eine neue Mittelschicht von abhängigen Angestellten zwischen den Unternehmern und den Arbeitern. Zugleich verändert die Unternehmerschicht mit der Trennung von Eigentum und Kontrolle ihr Gesicht, wird aufgespalten in Aktionäre und Manager und damit zu einer mächtigen höheren Verwaltungsschicht. Die Entstehung neuer Schichtungslinien im entwickelten Industrialismus führt zu neuen Formen der Stabilität. Auf- und Abstieg ist noch immer möglich, wird aber nunmehr formalisiert und durch ein verzweigtes Erziehungssystem (Höhere Schulen, Technische Schulen, Berufsschulen usw.) kontrolliert. Die bestehenden Schichten haben nicht die Stabilität von Ständen oder gar Kasten, doch bestimmen sie die Zugehörigkeit, das Prestige, den Einfluß, die Verhaltensweisen und Lebensformen des Einzelnen zumindest nach Abschluß seiner Ausbildung.

Nur stichwortartig und in beinahe unvertretbarer Allgemeinheit können die vorstehenden Bemerkungen die soziologisch relevanten Gesichtspunkte der Entwicklung der Industrie und des Industriebetriebes bezeichnen. Es kommt noch hinzu, daß solche bis zur Gegenwart führende Geschichtsdarstellung in dem Augenblick, in dem sie vorgelegt wird, immer schon veraltet ist. Mit der Ausbreitung der automatischen Fabrik und der industriellen Verwendung von Kernenergie, sind technisch neue Elemente aufgetreten, deren allgemeine Bedeutung man zwar ebensowenig übertreiben darf wie ihre sozialen Konsequenzen, die aber zweifellos in den Bereichen, in denen sie Verwendung finden, wiederum neue Strukturen des Verhaltens und der Organisation hervorbringen werden. Doch ist es immerhin möglich, einen Zusammenhang zwischen der für die entwickelte mechanisierte Industrie allgemein kennzeichnenden Tendenz der Rationalisierung durch Organisation und technische Vervollkommnung und den durch die Schlagworte der „Automation“ und der „Atomkraft“ angedeuteten Tendenzen herzustellen. Daher darf die hier angebotene Darstellung zur Grundlage einer Abgrenzung des folgenden Versuches genommen werden, das industrie- und betriebssoziologische Wissen zu systematisieren. Dieser Versuch, wie übrigens die Mehrzahl industriesoziologischer Untersuchungen der Gegenwart, ist in erster Linie auf den modernen Industriebetrieb der Entwicklungsphase bezogen, die in England, Deutschland, den Vereinigten Staaten und Frankreich vor 1900 begann und bis heute andauert.

IV. Das Sozialsystem des Industriebetriebes

1. Der Industriebetrieb als Gegenstand soziologischer Analyse

Mehrere wissenschaftliche Disziplinen haben ein legitimes Interesse an industriellen Betrieben und Unternehmungen: Binnenorganisation und Regeln der Einzelwirtschaft (Betriebswirtschaftslehre), rechtlicher Status des Betriebe umfassenden Unternehmens und der Betriebsangehörigen (Rechtswissenschaft), gesamtwirtschaftliche Verflechtungen des einzelnen Betriebes und Unternehmens (Volkswirtschaftslehre) und soziale Strukturen des Betriebes selbst und seiner Umsphäre (Soziologie) sind — von den technischen und manchen anderen Disziplinen abgesehen — komplementäre Aspekte der betrieblichen Wirklichkeit. Keiner dieser Aspekte sollte unter Ausschluß der anderen betont werden. Der Industriebetrieb ist eine soziale Organisationsform (nach manchen Definitionen: eine „Institution“), in dem wirtschaftliche, technische, rechtliche und soziale Elemente zu einer Einheit verschmelzen, die keine Teilanalyse aus den Augen verlieren darf.

Der oft unternommene Versuch einer soziologischen, ökonomischen oder juristischen „Definition" des Industriebetriebes oder des Betriebes allgemein ist daher wertlos, wenn sein Ergebnis Einzelaspekte des Industriebetriebes unter Vernachlässigung seiner Gesamtfunktion überbetont. Der Ausgang vom „Betrieb im Sinne der Betriebswirtschaftslehre" oder „der Jurisprudenz" oder „der Soziologie" führt zur Zerreißung des empirisch-faktischen und wissenschaftlich zumindest anzustrebenden Gesamtbildes des Industriebetriebes. So ist die Formulierung von *G. Briefs*, der Betrieb sei „d e r a r t i g e Kooperation von Menschen, d a ß spezifische soziale Beziehungen ... aus ihr entstehen"[1]), ökonomisch zweifellos ebenso ungenügend wie die Definition von *K. Hax*, Betriebe seien „wirtschaftliche Einheiten, welche der Produktion dienen"[2]), soziologisch ungenügend ist. Dagegen gilt es vor allem herauszustellen, daß der Industriebetrieb als ganzer ein soziales Phänomen ist, dessen Untersuchung zwar verschiedenen speziellen Sozialwissenschaften obliegt, der aber nicht etwa eine „sozialökonomische", „sozialrechtliche" und „soziologische Eigengestalt" (*F. H. Mueller*[3]) aufweist. Wie die meisten sozialen Institutionen hat der Industriebetrieb sowohl soziologische als auch nicht-soziologische Aspekte, ohne darum den Gestaltcharakter als Institution zu verlieren.

Das bedeutet allerdings auch, daß bei der Rede von „Betriebszwecken" Vorsicht am Platze ist. Sicher liegt es nahe, die „Leistungserstellung" zum Zweck industrieller Betriebe zu erklären oder zumindest davon auszugehen, daß Betriebe immer um wirtschaftlicher Zwecke willen bestehen. Doch hat *H. P. Bahrdt* (in Vorträgen) mit Recht darauf hingewiesen, daß man Betrieben prinzipiell beliebig viele Zwecke zuschreiben kann: soziale und rechtliche, wirtschaftliche und technische, öffentliche und private, politische und militärische usw. Vielleicht ist die Suche nach „Betriebszwecken" überhaupt nicht sehr ergiebig. Statt dessen mag es sich empfehlen, davon auszugehen, daß Industriebetriebe in der Regel in wirtschaftlichen Zusammenhängen verstanden sein wollen, daß sich aber in ihrer Wirklichkeit mehrere Aspekte mischen, und daß jeder dieser Aspekte zum Ausgangspunkt der Forschung gemacht werden kann.

---

1) Artikel Betriebssoziologie; in: A. Vierkandt (Hg.): Handwörterbuch der Soziologie (Stuttgart 1931); S. 34. Hervorhebungen von mir. — Dagegen formuliert Briefs ähnlich meiner Definition a.a.O., S. 32.

2) Artikel Industriebetrieb; in: Handwörterbuch der Sozialwissenschaften, 7. Lieferung (Stuttgart-Tübingen-Göttingen 1954); S. 243.

3) Die soziale Theorie des Betriebes (Berlin 1952).

Wählt man den soziologischen Aspekt zum Ausgangspunkt der Analyse, dann gehen die wirtschaftlichen, technischen, rechtlichen Aspekte als „Daten" in die Analyse ein: der Soziologe wird im Hinblick auf die ökonomischen Verflechtungen, die technische Apparatur und den rechtlichen Status eines gegebenen Betriebes allenfalls nach deren Auswirkungen auf die Sozialstruktur fragen, die Daten selbst aber nicht zum Gegenstand seiner Analyse machen. So sind die Tatsachen der starken vertikalen Konzentration in einem Unternehmen, der weitgehenden Automatisierung der Produktion und des Charakters der Aktiengesellschaft für den Soziologen gewiß nicht ohne Interesse; doch beschäftigt er sich mit all diesen Tatsachen nur, insoweit diese Auswirkungen auf die Sozialstruktur des Betriebes und der Industrie haben. Sein Thema liegt in den Gesetzlichkeiten des sozialen Handelns im Betrieb: in den sozialen Grundlagen der Kooperationsbereitschaft, im Funktionieren der innerbetrieblichen Kommunikation, in der Bildung von Gruppen, den Ursachen von Konflikten, dem Verhältnis zu Arbeit und Betrieb und ähnlichen Problemen. Was Soziologen hierzu zu sagen haben, geht wiederum als „Datum", als selbst nicht weiter untersuchtes Resultat in die Analysen anderer Disziplinen ein oder sollte dies zumindest tun.

Ein weiteres Merkmal soziologischer Beschäftigung mit dem Industriebetrieb bedarf der Betonung. Die „sozialen Strukturen" sind stets in erster Linie Strukturen sozialer Positionen und Rollen, d. h. verfestigte Formen von Beziehungen, die den Einzelnen mit der verbindlichen Kraft sanktionierter Erwartungen gegenübertreten. Auch der einzelne Mensch geht also gewissermaßen als „Datum", d. h. als in seiner Individualität zunächst nicht weiter untersuchtes Sozialwesen, in die betriebssoziologische Analyse ein. Hier liegt die Grenze zwischen dem Industriebetrieb als Gegenstand soziologischer und psychologischer Analyse.

Vom Industriebetrieb ist bisher in sehr allgemeiner Weise gesprochen worden. Doch ist zumindest ein Hinweis nötig auf die empirische Vielfalt von Betriebstypen und damit auch sozialen Betriebsstrukturen. Wenn der Betriebswirtschaftler[4]) Industriebetriebe nach Produktionsstufen (Grundindustrie, weiterverarbeitende Industrie), nach dem Verwendungszweck der Erzeugnisse (Produktionsmittel-, Konsumgüterindustrie), nach dem Produktionsprogramm (Einprodukt-, Mehrproduktbetriebe) nach der Produktionsmenge (Massen-, Sorten-, Serien-, Einzelfertigung) und nach der Absatzstruktur (Auftrags-, Marktproduktion) unterscheidet, so bedingen alle diese Betriebstypen auch unterschiedliche soziale Strukturtypen. Soziologisch besonders einschneidende Unterschiede ergeben sich (1) aus der Betriebsgröße (Mammutbetriebe, Großbetriebe, mittlere und kleine Betriebe), (2) aus der Rechtsform des den Betrieb einschließenden Unternehmens (Aktiengesellschaft, Privatunternehmen, Genossenschaft usw.) und (3) aus den technologischen und materiellen Bedingungen des Betriebes (Bergbau chemische Industrie, Automobilindustrie, optische Industrie usw.). Diese Unterschiede, vor allem die letzteren, bedingen zum Teil grundlegend verschiedene Sozialorganisationen unter allen vier zu besprechenden Aspekten, so daß die verallgemeinernde Darstellung der folgenden Abschnitte notwendig weithin formal bleibt und im Einzelfall der Ergänzung, ja Modifizierung bedarf.

Wenn der Soziologe den Betrieb zum Gegenstand seiner Analyse macht, so muß er diesen stets unter zwei komplementären Aspekten betrachten: als reibungslos funktionierendes Sozialsystem und als konfliktträchtigen Herrschafts- oder Zwangsverband. Unter dem ersteren Aspekt werden alle Elemente der Betriebsstruktur in ihren Auswirkungen auf die Integration des Ganzen, auf das gleichgewichtige Funktionieren des Betriebes geprüft; dies ist, wenn man so will, der Aspekt, der die Betriebsführung vor allem interessiert. Nicht zufällig ist daher in diesem Bereich die Nähe zu betriebswirtschaftlicher Analyse verhältnismäßig groß: formelle Organisation, Statussystem und informelle Gruppen sind sämtlich Phänomene, die auch den Ökonomen beschäftigen. Demgegenüber darf jedoch die „andere Hälfte" der betrieblichen Wirklichkeit, dürfen die innerbetrieblichen Spannungen, die aus der Struktur industrieller Be-

---

4) Die folgende Liste nach K. Hax: Artikel Industriebetrieb (a.a.O.).

triebe herauswachsen, nicht vernachlässigt werden. Dies gilt insbesondere darum, weil in der Analyse der Spannungen eine spezifisch soziologische Aufgabe liegt. Im folgenden soll von den theoretischen Implikationen des Doppelgesichtes industrieller Betriebe ebensowenig gehandelt werden wie von den Begriffen der Integration, des Gleichgewichtes und des Sozialsystems einerseits, des Zwanges, der Herrschaft und des Zwangsverbandes andererseits[5]); doch liegen Überlegungen zu diesen Begriffen der Einteilung der folgenden Kapitel zugrunde. Zugleich schreitet die Analyse in diesen Kapiteln zunehmend vom Industriebetrieb zur Gesamtgesellschaft, also von begrenzten zu umfassenden Bezügen voran: von der betrieblichen Binnenorganisation (Kap. IV) über die industriellen Beziehungen (Kap. V) und das Verhältnis des Menschen zur Arbeit (Kap. VI) zu den Verflechtungen von Industrie und Gesellschaft (Kap. VII).

2. Die formelle Organisation des Industriebetriebes

Zum Zweck der effektiven Kombination der in ihm vorhandenen Positionen bedarf der Industriebetrieb zunächst eines planvollen Arrangements aller Positionen, der sogenannten formellen Organisation. Diese ist planvoll, insoweit sie entweder durch die technische Grundlage der Arbeit erzwungen oder auf der Grundlage persönlicher und sozialer Werte von Eigentümern und Unternehmensleitern bewußt gesetzt wird; in jedem Fall darf die formelle Organisation als gewollt und beabsichtigt beschrieben werden. Das Gesamtbild der formellen Betriebsorganisation läßt sich daher auch schematisch in Form eines Organisationsplanes darstellen, in dem sämtliche betrieblichen Positionen in ihren horizontalen wie vertikalen Beziehungen aufgeführt sind.

Fig. 1 gibt einen solchen Organisationsplan in schematischer Vereinfachung wieder, wobei die schwarzen Fächer die zum eigentlichen Produktionsvollzug erforderlichen Positionen, die schraffierten am Rande zu diesem gehörige Aufgaben und die

5) Vgl. dazu meine: Sozialstruktur des Betriebes (Wiesbaden 1959).

weißen dem den Betrieb umfassenden Unternehmen zugehörige Stellungen bezeichnen. Die stark schematisierte Darstellung in Fig. 1 bezeichnet nur die wesentlichen Rollen innerhalb der formellen Betriebsorganisation, ihre funktionale Neben- und skalare Über- und Unterordnung. Für bestimmte Eigentumsformen (z. B. Einzelbetriebe), Größenklassen (sehr kleine wie sehr große Betriebe) und Industriezweige (z. B. Bergbau) wäre Fig. 1 entsprechend abzuwandeln. Außerdem ist ersichtlich, daß aus Fig. 1 die Beziehungen der Über- und Unterordnung deutlicher hervorgehen als die der funktionalen Zu- oder Nebenordnung.

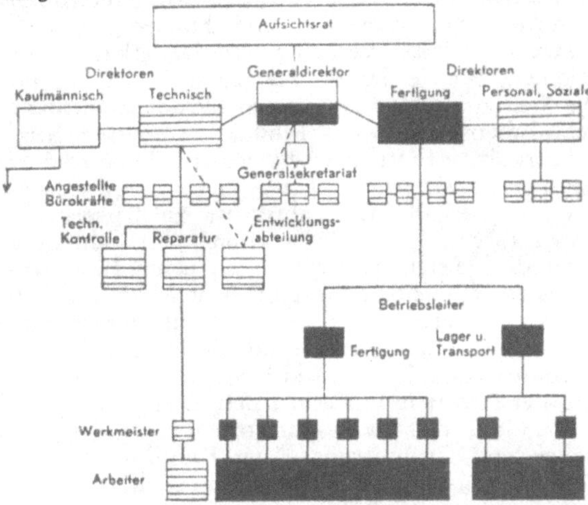

Fig. 1: Die formelle Organisation des Industriebetriebes

Bei der Analyse der formellen Organisation lassen sich zwei Aspekte unterscheiden, die in der Wirklichkeit stets sehr eng verknüpft sind: der der Organisation der durch die Arbeitsteilung gegebenen Differenzierung von Aufgaben (funktionale Organisation) und der der Organisation der in jedem sozialen System erforderlichen Differenzierung der Autoritätsbereiche (skalare Organisation). So spitzfindig diese Unterscheidung scheinen mag, so wichtig ist sie doch, um die technisch vermittelten von den rein sozialen Elementen der Betriebsorganisation zu trennen und die Beziehungen zwischen beiden zu untersuchen.

a) Arbeitsteilung und Kooperation (Funktionale Organisation)

Zur reibungslosen Erfüllung seiner Produktionsaufgabe erfordert der moderne Industriebetrieb den Vollzug einer Reihe sehr verschiedenartiger Aufgaben (Funktionen). In einem Betrieb der weiterverarbeitenden Metallindustrie etwa müssen Rohmaterialien und Halbzeug eingekauft und Fertigfabrikate verkauft werden (kaufmännische Funktionen), Menge der Produktion und Art der produzierten Waren sind zu bestimmen (Produktionsplanung), die technischen Mittel zur Produktion müssen bereitgestellt, überholt, weiterentwickelt werden (technische Funktionen), der Transport von Halb- und Fertigwaren innerhalb und außerhalb der Fabrik ist zu bewerkstelligen (Transportaufgaben), die Produktion selbst muß durchgeführt werden (Fertigungsfunktionen) usw. Innerhalb jedes dieser Aufgabenbereiche gibt es wiederum zahlreiche funktionale Unterteilungen, die uns auf immer kleinere Gruppierungen und schließlich auf die als Berufe bekannten einzelnen Aufgaben zurückführen, die die weitgehende Teilung der Arbeit in modernen Betrieben schafft. Es liegt auf der Hand, daß das so entstehende Gewirr sozialer Positionen und Gruppierungen der Koordination bedarf; die Zusammenfassung der Teile ist immer die andere Seite der Arbeitsteilung. Diese Zusammenfassung wird zunächst durch die technische Grundlage der Betriebsorganisation bewirkt.

Am einzelnen Arbeitsprozeß finden wir Gruppen von Positionen, die aufeinander bezogen sind. Dabei kann der Bezug entweder so geartet sein, daß die Zusammenarbeit sich direkt und weitgehend selbstbestimmt vollzieht. Der Arbeitsprozeß ist kooperativ gegliedert, jedoch sind die Arbeitsvollzüge nicht notwendig einzeln vorzuschreiben oder individuell zu fixieren. In diesem, historisch älteren Fall

(Beispiel: Kolonnen von Trägern, Erzfahrer am Hochofen) ist der Entscheidungsspielraum der Beteiligten relativ groß. Sie können elastisch auf Besonderheiten im Produktionsverlauf reagieren und zum Teil selbst ihre Arbeitsplätze austauschen. Man spricht (in diesem Fall) von einer „teamartigen Kooperation". Die davon zu unterscheidende Kooperationsform ist durch die technische Anlage verbindlich und detailliert bestimmt. Die Zusammenarbeit wird hier in der Regel über die Bedienung der technischen Anlage vermittelt; Zeitablauf, Arbeitsplatz und Bedienungsperson sind fixiert (Beispiel: Bedienungsmannschaft einer Walzstraße). Der Kooperationsplan verlangt ein sehr präzises Ineinanderarbeiten aller Beteiligten, eine Arbeitsweise, die in der modernen Industrieproduktion vorherrschend ist. Eine solche Arbeitsform wird als „gefügeartige Kooperation" bezeichnet[6]).

Es liegt nahe, die hier an Hand einzelner Arbeitsprozesse beschriebenen Kooperationstypen auch auf die Zusammenfassung der Arbeitsprozesse selbst zu größeren Einheiten sowie des Gesamtbetriebes anzuwenden. Auch der Gesamtbetrieb ist ein Gefüge von durch im weiteren Sinn technischen Erfordernissen zusammengefaßten Elementen: Wareneinkauf, Produktionsplanung und technische Kontrolle, Maschinenbau, Fertigung und Transport stehen in bestimmten Abhängigkeits- und Ergänzungsbeziehungen; das eine setzt das andere voraus oder verlangt es zu seiner Vervollständigung; diese technischen Abhängigkeitsbeziehungen begründen die Koordination des scheinbaren Gewirrs von Funktionen zu einem funktional integrierten Ganzen. In der Regel dürfte sich auch die funktionale Integration des Gesamtbetriebes heute als „gefügeartig" beschreiben lassen; doch stehen daneben — etwa in Bauunternehmungen, die aus einer Mehrzahl gleichartiger Bautrupps bestehen — auch „teamartige" Formen der funktionalen Gesamtorganisation.

---

6) Begriffe nach H. Popitz, H. P. Bahrdt, E. A. Jüres, H. Kesting: Technik und Industriearbeit (Tübingen 1957). Vgl. insbes. Abschnitt II, dort auch Beispiele und detailliertere Analysen.

Es ist dabei als wichtig festzustellen, daß die funktionale Organisation grundsätzlich keine Über- und Unterordnung, keine hierarchische Anordnung kennt. Die verschiedenen Funktionen haben zwar eine verschiedene Reichweite; sie verlangen unter Umständen verschieden hohe Qualifikationen; zum Zweck des Funktionierens des Ganzen jedoch sind sie alle gleich wichtig. Weder die umfassende Produktionsplanung noch etwa der Materialtransport von Abteilung zu Abteilung, weder der Generaldirektor noch der Werkmeister noch der Hilfsarbeiter dürfen fehlen, ohne die Produktion zu gefährden. Funktionale Organisation bedingt daher stets nur eine Nebenordnung nach Gesichtspunkten der Abfolge und technischen Abhängigkeit[7]). Über- und Unterordnung der funktional verschiedenen Positionen ist erst ein Resultat der Einordnung der Positionen in eine Autoritätshierarchie (skalare Organisation) bzw. der gesellschaftlich unterschiedlichen Bewertung der verschiedenen Arbeitstätigkeiten (Statussystem).

b) Über- und Unterordnung (Skalare Organisation)

Allerdings bleibt es nicht aus, daß die Vielzahl von Positionen in einem Industriebetrieb über ihre technisch vermittelte Verbindung hinaus in eine „Beziehung der Über- und Unterordnung in einer Kette der Befehlsbefugnis oder formellen Autorität“ gebracht werden[8]). „Wo immer Unternehmen gegründet werden, gibt es einige, die befehlen, und viele, die gehorchen“ (*R. Bendix*[9]). In jedem industriellen Betrieb und Unternehmen gibt es daher eine lineare oder skalare Organisation[10]).

---

7) „Ein gemeinsames Kennzeichen aller [funktionalen Statussysteme] ist das Fehlen der Anordnungsgewalt des einen über den anderen oder doch ihre Gleichgültigkeit für die funktionale Stellung“, sagt Chester I. Barnard: Functions and Pathology of Status Systems in Formal Organizations; in: W. F. Whyte (Hg.): Industry and Society (New York-London 1946); S. 48.

8) Ch. I. Barnard: a.a.O.; S. 49.

9) R. Bendix: Herrschaft und Industriearbeit (Frankfurt 1960). Vgl. S. 19, doch habe ich das Zitat selbst aus dem englischen Urtext übersetzt.

10) „Skalare Organisation“ hier nach Ch. I. Barnard (a.a.O.: „scalar systems of status“). Häufig wird von englischen und amerikanischen Industriesoziologen auch der Begriff der „linearen Organisation“ (line organization) gebraucht. H. Schelsky verwendet sachlich sinnvoll, aber

Unabhängig von betriebs- und wirtschaftspolitischen Wertvorstellungen ist die hierarchische Autoritätsstruktur eine Grundbedingung des Funktionierens kooperativer Systeme[11]). „Auch *Karl Marx* kann nicht umhin", stellt ein Betriebssoziologe mit allerdings übertriebener Pointierung fest[12]), „zuzugeben: ‚Alle unmittelbar gesellschaftliche Arbeit auf größerem Maßstab bedarf mehr oder minder einer Leitung, welche die Harmonie der individuellen Tätigkeiten vermittelt und die allgemeinen Funktionen vollzieht, die aus der Bewegung des produktiven Gesamtkörpers im Unterschied von der Bewegung seiner selbständigen Organe entspringen." Angesichts der Tatsache, daß einige deutsche Industriesoziologen (O. *Neuloh*, in Andeutungen auch *H. P. Bahrdt*[13]) in den letzten Jahren die Möglichkeit oder gar Wirklichkeit von Betrieben ohne Autoritätshierarchie behauptet haben, ist diese Feststellung jedoch wichtig. Tatsächlich können weder Wandlungen der Betriebsverfassung (*Neuloh*) noch technische Entwicklungen (*Bahrdt*) die Notwendigkeit einer betrieblichen Autoritätshierarchie beseitigen. Verändern können sich nur die Formen der Ausübung betrieblicher Autorität, die „Management-Ideologien" (*R. Bendix*). Die von *G. Briefs* unterschiedenen „Haltungen"[14]), die „patriarchalische", „wirtschaftsindividualistische" und quasi-militärische „Führungshaltung" bedingen je verschiedene Handhabungen betrieblicher Autorität. Doch darf die „sozialindividualistische" Autoritätsverwaltung, von *G. Briefs* als „Menschenökonomie unter dem Gesichtspunkt der Rentabilität günstiger Beziehungen zwischen dem Arbeitgeber, allen Verwaltungs- und Befehlsstaffeln und der Belegschaft"[15]) bestimmt, als die vorherrschende Form bezeichnet werden. Daß zu dieser neuerdings von *R. Bendix* sehr viel genauer beschriebenen Haltung gewisse Züge der „Zweiseitigkeit" der Betriebsverfassung (*Neuloh*) hinzukommen können, ändert prinzipiell nichts an der Existenz der skalaren Organisation.

---

terminologisch verwirrend für diese Form der Organisation den Begriff der „funktionalen Binnenordnung des Betriebes" (a.a.O.; S. 184).

11) F. H. Mueller wendet sich in seinem Buch über „Die soziale Theorie des Betriebes" gegen den Gebrauch der Termini „Autorität" und „Hierarchie" im Industriebetrieb wegen ihrer militärischen bzw. sakralen Konnotationen (a.a.O.; S. 179 ff.). Diese Vorsicht darf jedoch als übertrieben bezeichnet werden, zumal vielerorts in der Soziologie diese Termini wertungslos deskriptiv gebraucht werden.

12) F. H. Mueller: a a.O.; S. 170.

13) Vgl. O. Neuloh: Die deutsche Betriebsverfassung (Tübingen 1956); H. P Bahrdt: Industriebürokratie (Stuttgart 1958).

14) A.a.O.; S. 45—48.

15) A.a.O.; S. 47.

Die skalare Organisation des Industriebetriebes erscheint im Organisationsplan als kontinuierliche Stufenleiter von unten nach oben, also vom Hilfsarbeiter bis zum Generaldirektor. Auch hier ist der Organisationsplan jedoch allzu schematisch. Tatsächlich begründet die Autoritätsverteilung eine Reihe von Gruppen mit durchaus eigener sozialer Identität: das Management, die Industriebürokratie, den Stab, die „Männer in der Mitte" und die Arbeiter, neben denen, in den meisten Industrieländern heute die innerbetriebliche Belegschaftsvertretung als eigene Instanz nicht übersehen werden darf.

Das Management ist in der Mehrzahl neuerer Unternehmungen nicht mehr identisch mit den Eigentümern. Vielmehr handelt es sich um die angestellten Träger der Positionen, in denen alle Autorität des Betriebes und Unternehmens zusammenläuft: Direktoren, Prokuristen, Abteilungsleiter. Als Qualifikation für Management-Positionen hat heute die Ausbildung (häufig: der akademische Berechtigungsschein) weitgehend die Herkunft und das Eigentum ersetzt. Damit haben sich auch die Orientierungen des Management verändert. Der Manager gehört stärker als früher die Eigentümer zum Betrieb in dem Sinne, daß die Reaktionen seiner Untergebenen faktisch (obwohl nicht rechtlich) seine Entscheidungen bestimmen. Allerdings gibt es sowohl innerhalb einzelner als auch vor allem zwischen Gesellschaften noch erhebliche Unterschiede der Rekrutierung, Orientierung, Legitimierung und Haltung der Manager[16]).

Im Vergleich zum klassischen Kapitalisten ist die Autorität des Management heute vor allem dadurch begrenzt, daß der Prozeß der betrieblichen Autoritätsausübung selbst arbeitsgeteilt worden ist: Wo früher einer oder wenige alle Entscheidungen zu treffen vermochten, sind heute an jeder Entscheidung viele als informierende, verarbeitende und ausführende Organe beteiligt. Hier liegt einer der Gründe

16) Vgl. dazu das äußerst informative Sammelwerk, das F. Harbison und C. A. Myers herausgegeben haben: Management in the Industrial World (New York 1959).

für das außerordentliche Anwachsen der Angestelltenschaft der Industrie in den letzten 60 Jahren. Heute ist jeder fünfte in der Industrie Beschäftigte ein Angestellter (gegenüber etwa 5 % im Jahre 1900); und viele davon sind in den Verwaltungen industrieller Unternehmen tätig. Man hat in der Industriebürokratie eine Verlängerung der Arbeiterschaft in das Büro (*E. Lederer* und *J. Marschak*, neuerdings auch *C. W. Mills*) oder eine „neue Klasse" eigener Art gesucht (*F. Croner*); gegenüber solchen Theorien scheint jedoch zumindest für die Verwaltungsangestellten der Industrie die „Delegationstheorie" fruchtbarer, nach der diese delegierte Autorität haben, also mittelbar am Management beteiligt sind[17]).

Eine besonders schwierige und interessante Stellung nimmt der immer wachsende „Stab" von Experten, Wissenschaftlern, Technikern unter dem Aspekt der skalaren Organisation ein. Das Auftreten des Stabes hat zu dem Begriff der „Stab-Linie-Organisation" im modernen Betrieb geführt — ein Begriff, der schon die Schwierigkeit andeutet, den Stab im Hinblick auf die traditionelle Linie der Über- und Unterordnung eindeutig zu plazieren. Tatsächlich stehen Entwicklungsingenieure und -techniker, Betriebschemiker und -psychologen, Zeichner und Laboranten usw. mit oft eigenen Abteilungen neben der eigentlichen Autoritätsskala. Ihr Bezug zur Linie ist vorwiegend funktional; sie sind daher manchem Organisationsschematiker ebenso ein Dorn im Auge wie manchem Manager, dessen Kontrolle der Stab sich entzieht. Zugleich qualifiziert diese Sonderlage die Mitglieder des Stabes für vielerlei unvorhergesehene Situationen als Nothelfer und Vermittler.

Andere Schwierigkeiten kennzeichnen eine Gruppe von Positionen, die sich in jeder Autoritätshierarchie findet: die der „Männer in der Mitte", der Werkmeister und Steiger sowie der ihnen unmittelbar über- und untergeordneten Positionen. Sie repräsentieren die gestaffelte Leitung des

17) Für diese Theorie vgl. R. Croner: Die Angestellten in der modernen Gesellschaft (Wien 1954). Im übrigen vgl. zu diesem und den folgenden Abschnitten das Literaturverzeichnis am Schluß des Bandes.

eigentlichen Produktionssektors im Industriebetrieb und haben insofern Selbstverantwortung für viele die Gesamtproduktion nicht berührende Bereiche und Vorkommnisse, während sie zugleich als „Männer in der Mitte" ihrer Autorität nach wie auch faktisch-räumlich das Bindeglied zwischen Management und Arbeiterschaft darstellen. Die Mittel- und Mittlerposition dieser Rollen stellt besondere Ansprüche an das Verhalten ihrer Träger, die sie zwingen, zugleich „Meister und Opfer" (*F. J. Roethlisberger*) einer doppelten Orientierung nach oben zum Management und nach unten zu den Arbeitern zu werden.

Den traditionellen Fuß der Autoritätspyramide bilden die Arbeiter, von denen nur wenige Anordnungsbefugnisse über einzelne andere haben. An dieser Lage hat sich trotz der inneren Differenzierung der Arbeiterschaft unter dem Gesichtspunkt des Status bis heute wenig geändert. Doch hat es heute zuweilen den Anschein, als schrumpfe die Zahl der bloß Ausführenden mit der technischen Entwicklung immer mehr zusammen — oder, was nur ein anderer Ausdruck dafür ist, als hätten in zunehmendem Maße nur noch Maschinen die Stellung bloßer Befehlsempfänger.

Die durch diese Gruppen beschriebene Autoritätshierarchie wird in modernen Betrieben weiter kompliziert durch Einrichtung und Stellung der innerbetrieblichen Belegschaftsvertretungen. Hier ist in erster Linie an den Betriebsrat sowie (vor allem in den angelsächsischen Ländern) an die Gewerkschaftsvertretung im Betrieb („shop stewards"), dann aber auch an vielfältige Formen der Mitbestimmung (Belegschaftsvertreter im Aufsichtsrat, Arbeitsdirektor usw.) zu denken. *H. Schelsky* hat im Hinblick auf solche Einrichtungen davon gesprochen, daß „eine dualistische Autoritätsstruktur zur hierarchischen Grundverfassung des modernen Betriebes" werde[18]). Richtiger muß man wohl sagen, daß die erwähnten Einrichtungen, die ihre eigentliche Aufgabe im Bereich der Regelung betrieblicher und industrieller Konflikte haben, auch in die ska-

[18]) H. Schelsky: a.a.O.; S. 185.

lare Organisation des Betriebes hineingewachsen sind. So hat der Betriebsrat in deutschen Industriebetrieben seine Autoritätsfunktionen nicht neben, sondern in der formellen Hierarchie — als Berater des Management, als Entscheidungsinstanz bei Einstellungen und Entlassungen sowie bei der Schaffung und Verwaltung sozialer Einrichtungen usw. Ebenso gehört der Arbeitsdirektor in Mitbestimmungsbetrieben zur Linie der skalaren Organisation, nämlich zum Management. Die Belegschaftsvertretungen sind also ein komplizierendes Element der formellen Organisation; sie teilen viele ihrer Probleme mit den traditionellen „Männern in der Mitte" (denen sie übrigens manche Aufgaben abgenommen haben.)

Daß die formelle Organisation der im Industriebetrieb institutionell zusammengefaßten sozialen Rollen dem Funktionieren des Betriebes zugeordnet ist, heißt vor allem, daß durch diese Organisation Kanäle der Kommunikation vom Generaldirektor zum Hilfsarbeiter geschaffen werden. Die „authentische", „autoritative" und „verständliche" (*Ch. I. Barnard*) Aus- bzw. Weitergabe von Anordnungen, Nachrichten und Wünschen wird durch die skalare Hierarchie gewährleistet. Dabei ist als institutionelles Problem industrieller Organisation zu bemerken, daß die Formalstruktur typisch die Kommunikation von oben nach unten (down the line) zwar ermöglicht, der Notwendigkeit einer Kommunikation von unten nach oben (up the line) aber ungenügend Rechnung trägt. Neben dieser zentralen Kommunikationsfunktion der formellen Betriebsstruktur erwähnt *Ch. I. Barnard* noch ihre Funktionen als „wichtiger Teil des Anreizsystems", insofern diese Struktur Wege des Aufstieges vorzeichnet, und als „entscheidendes Mittel zur Entwicklung des Verantwortungsgefühls und zur Bestimmung der Verantwortungsbereiche"[19]).

Darüber hinaus bildet die formelle Organisation des Industriebetriebes das eigentliche Rückgrat der betrieblichen Sozialstruktur. Von ihr aus läßt sich „ein großer und entscheidender Teil der betrieblichen Verhaltens-

19) A.a.O.; S. 63/64.

weisen und sozialen Beziehungen der verschiedenen betrieblichen Gruppen analysieren; in ihr liegen Arbeitsmotive und Arbeitsmoral ebenso verwurzelt wie die Rangstufen des sozialen Prestiges im Betrieb, die Schwierigkeiten des Verhältnisses zwischen Fabrik und Büro oder die Möglichkeiten betrieblicher Selbstverwaltung oder Mitbestimmung der Belegschaft" (*H. Schelsky*[20]).

3. Das Statussystem des Industriebetriebes

Die Positionen in einem Industriebetrieb werden nicht nur durch die technische Apparatur funktional koordiniert und in einer Autoritätshierarchie skalar organisiert, sondern sie werden auch sozial bewertet, und aus dieser Bewertung ergibt sich eine eigene, nicht mehr geplante betriebliche Binnenordnung. Man mag annehmen, daß das soziale Statussystem der Tendenz nach stets mit der Autoritätshierarchie übereinstimmen wird; tatsächlich gibt es hier jedoch mancherlei Abweichungen — darunter nicht zuletzt die, daß die Autoritätshierarchie sich manipulieren läßt, nicht jedoch das Statussystem. Es ist daher wichtig zu erfahren, wie das innerbetriebliche Statussystem das Verhalten von Menschen beeinflußt und unter welchen Gesichtspunkten es zustandekommt.

Sozialer Status, oft tautologisch als „Position, die einer innerhalb einer Organisation oder Gruppe innehat"[21]), bestimmt, bezeichnet in der Soziologie genauer den relativen Rang einer sozialen Rolle (z. B. eines Berufes) gemäß den Wertvorstellungen der Mitglieder des Universums von Rollen, innerhalb dessen diese Rolle fungiert. Der Status eines Berufes ist also gegeben in seinem Prestige relativ zu allen anderen Berufen einer Gesellschaft oder auch eines Industriebetriebes[22]). In einem weiteren Sinn wird unter

20) A.a.O.; S. 185/186.

21) D. C. Miller und W. H. Form: a.a.O.; S. 343.

22) Prestige als Rollen (Berufen) anhaftend ist also streng zu scheiden von der auf Personen und ihre Leistungen oder Qualitäten bezogenen Schätzung. Als Werkmeister hat jeder Werkmeister schon ein gewisses Prestige. Ob er auch Schätzung genießt, hängt davon ab, ob er als „guter" oder „schlechter" Werkmeister angesehen wird.

Status dann auch die relative Position der Träger von Rollen nicht nur gemäß dem diesen anhaftenden Prestige, sondern auch gemäß der ihnen zugeordneten finanziellen und machtmäßigen Situation verstanden.

Sind formelle und, in geringerem Maße, informelle Organisation des Betriebes in ihren Entstehungsgründen und ihrem Wirkungsbereich weitgehend auf den Einzelbetrieb beschränkt, so wirken gesamtgesellschaftliche Strukturen in starkem Maße auf die betriebliche Statushierarchie ein. Vor allem ist hier das gesellschaftliche Prestige von Berufen bedeutsam. Die Berufsskala, die in empirischen Untersuchungen in verschiedenen Ländern ermittelt worden ist — so von *P. K. Hatt* und *C. C. North* für Amerika[23], von *J. Hall*, *D. C. Jones* und *C. A. Moser* für England[24]) und von *K. M. Bolte* und anderen für Deutschland[25]) —, hat auch innerhalb des Industriebetriebes ihre Gültigkeit. Doch weist der Industriebetrieb (wie jede kleinere soziale Einheit) eine sehr viel größere Status-Differenzierung auf als diese Untersuchungen mit ihren sechs oder sieben Prestige-Schichten innerhalb der Gesellschaft festgestellt haben.

Fig. 2 trägt dieser Differenzierung nicht in vollem Maße Rechnung, doch soll sie nur als verallgemeinernder Hinweis, der an den erwähnten empirischen Untersuchungen orientiert ist, gelten. Die unterbrochenen Linien in Fig. 2 bezeichnen die geamtgesellschaftlichen Prestige-Schichten, hier auf sechs beschränkt, die sich etwa durch folgende Berufe ckarakterisieren lassen: I — Akademiker, höchste Beamte usw.; II — Unternehmer, hohe Beamte, leitende Angestellte usw.; III — mittlere Angestellte, Werkmeister usw.; IV — untere Angestellte, Facharbeiter usw.; V — einfachste Büroberufe, angelernte Arbeiter; VI — Hilfsarbeiter. Eine Status-Skala dieser Art ergab sich mit geringen Abweichungen in allen entwickelten Industrieländern. Die innerbetrieblichen Status-Pyramiden werden von dieser gesellschaftlichen

23) Jobs and Occupations, A Popular Evaluation; in: L. Wilson und W. L. Kolb (Hg.): Sociological Analysis (New York 1949).

24) J. Hall und D. C. Jones: The Social Grading of Occupations; in: British Journal of Sociology I/1 (März 1950). C. A. Moser und J. Hall: The Social Grading in Occupations; in: D. V. Glass (Hg.): Social Mobility in Britain (London 1954).

25) K. M. Bolte: Sozialer Aufstieg und Abstieg (Stuttgart 1958). Für eine vergleichende Darstellung der Resultate von Prestige-Untersuchungen in verschiedenen Ländern s. A. Inkeles und P. H. Rossi: National Comparisons of Occupational Prestige, American Journal of Sociology 61 (1956).

Schichtung eingefaßt und durchzogen. Zur bisher in der Literatur nicht üblichen Unterscheidung zweier Status-Pyramiden in Fig. 2 vgl. den Text.

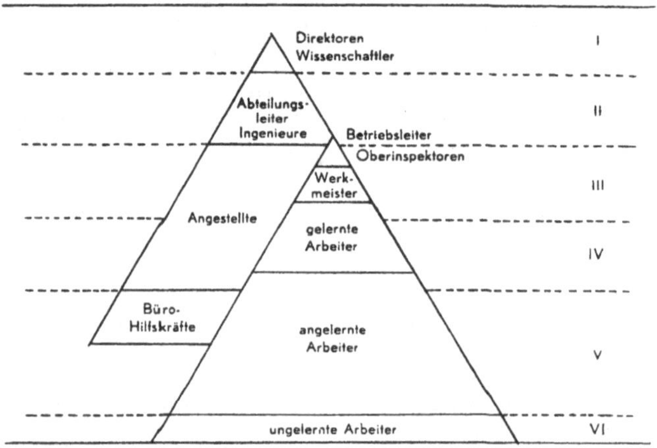

Fig. 2: Die Status-Organisation des Industriebetriebes.

Manches hat die formelle Organisation des Industriebetriebes mit dem Statussystem gemeinsam. Dies gilt nicht nur für die Möglichkeit, beide Formen der Organisation als Hierarchie und in Form einer Pyramide darzustellen, sondern geht auch aus den erschließbaren Bestimmungsgründen des Statussystems hervor. So darf als wesentlicher Grund für den Prestige-Status eines Berufes der von diesem verlangte Qualifikationsgrad und seine Symbole (Diplom, Meisterbrief usw.) gelten, der mit dem Autoritätsbereich desselben Berufes häufig in engem Zusammenhang steht. Formelle Organisation und Statussystem stimmen indes nicht durchweg überein. Der im Laboratorium eines Betriebes arbeitende Wissenschaftler z. B. kann einem oder mehreren Direktoren formell untergeordnet, nach seinem Prestige-Status aber gleich- oder sogar übergeordnet sein.

Zudem weist die Status-Hierarchie, insbesondere innerhalb der Arbeiterschaft, sehr viel feinere Unterscheidungen auf als die formelle Autoritäts-Hierarchie.

Der moderne Industriebetrieb weist zwei Universen von Rollen, damit zwei zwar ineinandergehende, aber doch schwer vergleichbare Status-Hierarchien auf (vgl. Fig. 2). Die eine dieser Hierarchien reicht vom Generaldirektor zu den Sekretärinnen und unteren Angestellten und umfaßt alle mit planenden, administrativen, allgemein Bürofunktionen ausgestatteten Berufe (Büro-Hierarchie). Die andere Status-Hierarchie umfaßt den eigentlichen Produktionssektor des Betriebes, vom Betriebsleiter zu den Hilfsarbeitern (Fabrik-Hierarchie). Wenn auch Betriebsleiter und Werkmeister in gewissem Sinne Teil beider Hierarchien sind, ist doch zu betonen, daß der Status von Berufen innerhalb jeder dieser Hierarchien eher graduelle Abstufungen bezeichnet, während die beiden Hierarchien als ganze der Art nach voneinander unterschieden sind.

Das Verhältnis der Büro-Hierarchie, insbesondere ihrer unteren Ränge (der „Stehkragenproletarier", „black-coated workers", „white collar workers"), zur Fabrik-Hierarchie ist seit langem schon Gegenstand erbitterter, wenn auch nach außen hin oft unsichtbarer Konflikte. Zum Teil ist es gerade der im angedeuteten Sinn qualitative Unterschied zwischen diesen Hierarchien (deutlich z. B. bei dem vergeblichen Versuch, den Status von Facharbeiter und Sekretärin zu vergleichen), der diesen Konflikt so unlösbar erscheinen läßt. Tatsächlich zeigen jedoch alle bisherigen Untersuchungen, daß die Mehrzahl der Berufe der Büro-Hierarchie an Prestige denen der Fabrik-Hierarchie übergeordnet ist. Hier liegt einer der Gründe, aus denen die bloße Benennung von Arbeitern als Angestellten nicht nur rechtlich, sondern auch sozial unwirksam bleiben muß. Sicher sind die Grenzen zwischen „Arbeitern" und „Angestellten" in vielen Industriezweigen fließend geworden; doch sind sie keineswegs verschwunden. Noch immer strebt der begabte junge Arbeiter ins Büro, auch wenn dies zunächst eine finanzielle Einbuße bedeutet. Hier wird die Wirkung des Statussystems eindringlich deutlich.

Während die Differenzierung der Angestelltenschaft nach Status den Linien der Differenzierung ihrer formellen Funktionen weitgehend folgt, ist die Aufgliederung der formell zumeist gleichgestellten, d. h. mit gleich geringer Autorität begabten Arbeiter nach ihrem Status ein Phänomen von besonderer Bedeutung. Innerhalb der Arbeiterschaft haben Unterschiede des Qualifikationsranges starke statusbestimmende Kraft. Wenn auch heute noch Soziologen gelegentlich zu dem Schluß kommen, daß Arbeitsteilung und Mechanisierung mit den Qualifikationserfordernissen auch den Status aller Arbeiter nivelliert haben[26]), so mehren sich doch die Zeugnisse für eine mit fortschreitender industrieller Entwicklung eher wachsende Aufsplitterung der Industriearbeiter in vier Status-Schichten: die hochqualifizierten Handwerker, oft als Ingenieure schon der eigentlichen Fabrik-Hierarchie entrückt; die qualifizierten Facharbeiter, auf Grund abgeschlossener Lehre oder gleichbewerteter Erfahrung eine exklusive, ihr Prestige verteidigende Schicht; die spezialisierten oder angelernten Arbeiter, an Maschinen und in Montagelinien mit oft einfachen, repetitiven Tätigkeiten betraut; und die oft als dem Status-System des Industriebetriebes kaum mehr zugehörig empfundenen ungelernten oder Hilfsarbeiter, das Lumpenproletariat der entwickelten mechanisierten Industrie.

Neben dem Prestige, das an Berufspositionen hängt, können auch andere Gesichtspunkte Status-Unterschiede schaffen. Zu Recht betonen *Th. Pirker* und Mitarbeiter den Unterschied zwischen „privilegierten" und „unterprivilegierten" Betrieben und Unternehmungen[27]). Ein angesehener Betrieb, aber auch eine angesehene Betriebsabteilung, die Arbeit an bestimmten Maschinen, die Entlohnungsform u.a. vermögen ebenso Prestige zu verleihen wie der Beruf allgemein — ja, es hat zuweilen den Anschein, als seien heute vor allem kompliziertere Privilegierungen die Quellen des Sozialprestiges.

Wenn hier vor allem vom Prestige als Element des Status die Rede war, so geschah dies darum, weil Wirkung und Bedeutung des Faktors weniger auf der Hand liegen als die des Lohns. Doch darf darüber die differenzierende

---

26) So W. L. Warner und J. O. Low in ihrem Buch „The Social System of the Modern Factory" (New Haven 1947), Kap. V.

27) Th. Pirker u. a.: Arbeiter, Management, Mitbestimmung (Stuttgart-Düsseldorf 1957).

Kraft des Lohnes nicht vergessen werden. Auch hier gibt es prinzipielle („Lohn" und „Gehalt") und graduelle (Lohn- bzw. Gehaltshöhe) Unterscheidungen, die Gruppen voneinander trennen. Darüberhinaus komplizieren vielfältige Formen der Lohnzahlung das Bild, so daß kein einfaches Schema die Lohnstruktur gegenwärtiger Industriebetriebe wiederzugeben vermöchte[28]).

Prestige und Status sind unwägbare und oft unterschätzte Faktoren im sozialen Leben des Betriebes. Doch reicht ihr Einfluß in viele Verhaltensbereiche. Auf Status als Begrenzung der intimeren Sozialbeziehungen ist schon hingewiesen worden. Die Position innerhalb der Prestige-Hierarchie verleiht dem Einzelnen die Sicherheit einer Zugehörigkeit; der Besitz von sozialem Status kraft einer Position kommt damit einem Elementarbedürfnis der Persönlichkeit nach „Schutz ihrer Integrität" durch Bestimmung ihres Ortes nach[29]). Das Hawthorne-Experiment hat erwiesen, daß Prestige-Status und Arbeitsleistung in einem Zusammenhang stehen. Das deutlichste Zeugnis der hervorragenden Bedeutung von Prestige und Status auch für die Industriearbeiter liegt indes in deren direkter und indirekter Rolle im industriellen Konflikt. Nicht nur haben vor allem Facharbeiter immer wieder ihr Prestige durch Sicherung der Exklusivität ihrer Berufe zu schützen versucht, sondern auch dem Prestige scheinbar so entrückte Vorkommnisse wie Lohnstreitigkeiten, zumal wenn sie sich auf Lohnunterschiede zwischen Arbeitergruppen beziehen, sind häufig nur Symbol für einen tieferliegenden Kampf um Status. „Die Bedeutung von Lohnunterschieden ist . . . zum Teil symbolisch. Sie fungieren als Etikette für industriellen Status" (*T. H. Marshall*[30]).

4. Informelle Gruppen im Industriebetrieb

Während die formelle Binnenordnung des Industriebe-

---

28) Vgl. F. Fürstenberg: Probleme der Lohnstruktur (Tübingen 1957).

29) Ch. I. Barnard: a.a.O.; S. 57 ff.

30) Citizenship and Social Class (Cambridge 1950); S. 82.

triebes als zugleich objektiv notwendige und subjektiv gewollte Struktur stets schon als solche gesehen und akzeptiert und das Statussystem mehr oder minder bereitwillig in Kauf genommen worden ist, hat die Existenz informeller Gruppen im Betrieb erst relativ spät die Aufmerksamkeit betrieblicher Sozialwissenschaft gefunden. Daß die Tatsache der Kooperation größerer Zahlen von Menschen an einem Ort gleichsam unbeabsichtigterweise nicht geplante Gruppenbeziehungen ermöglicht, ja, im Sinne eines sozialen Imperativs, erzwingt, ist die durch *Elton Mayo* und seine Kollegen im Hawthorne-Experiment eindrucksvoll vermittelte Einsicht. Daß die Bildung solcher „primärer Gruppen" (*Ch. Cooley*) dem Funktionieren des Industriebetriebes nicht an sich schon abträglich ist, wird auch heute noch nicht allgemein gesehen.

Negativ ist die informelle Gruppenbildung als ein „Gewebe persönlicher und sozialer Beziehungen, die nicht schon durch die formelle Organisation bestimmt oder vorgeschrieben sind" (*D. C. Miller* und *W. H. Form*[31]), definiert worden. Positiv ist zur Charakteristik der informellen Gruppenbildung vor allem zu sagen, (1) daß ihre Gruppierungen stets auf Sympathiebeziehungen geringerer (einzelne gemeinsame Interessen) oder größerer (Freundschaft) Intensität beruhen und nicht, oder nur zufällig, aus den Arbeitsbeziehungen an sich schon hervorgehen, und (2) daß die von solchen Beziehungen zusammengehaltenen Gruppen stets klein sind. So ist die Rede von der „informellen Organisation des Industriebetriebes" doppelt irreführend, insofern es sich hier erstens stets um einzelne Gruppenbildungen handelt, deren mehrere zwar durch sogenannte „Schlüsselpersonen", Mitglieder mehrerer Gruppen, verknüpft sein mögen, deren Gesamtheit aber nur ausnahmsweise ein kohärentes Strukturbild des Gesamtbetriebes ergibt, und insofern zweitens von einer „Organisation" informeller Gruppen nur in einem übertragenen (im Deutschen unüblichen) Sinne die Rede sein kann.

---

31) Industrial Sociology (New York 1951); S. 274.

Es ist eines der Hauptmerkmale informeller Gruppen, daß sie sich nicht organisieren lassen.

Fig. 3 deutet schematisch Möglichkeiten solcher informellen Gruppenbildungen in einem Industriebetrieb an. Nach Art des „Soziogramms" (*J. L. Moreno*) sind in dieser Weise verknüpfte Personen durch Linien verbunden, wobei bestimmte wiederkehrende Typen von Gruppenbildungen mit den unten im Text erscheinenden Ziffern unterschieden sind. In Fig. 3 ist nur eine Form informeller Gruppen berücksichtigt, die der oft so genannten „Clique", der kleinen Gruppe von auch jenseits ihrer Arbeit (wennschon häufig nicht außerhalb des Betriebes) verbundenen Peronen. *J. A. C. Brown*[33]) unterscheidet von dieser noch drei weitere, strukturell und funktional jedoch völlig andersgearteten Formen informeller Organisation: die der gesamten Betriebsgemeinschaft, die zwischen politischen Gesinnungsgenossen

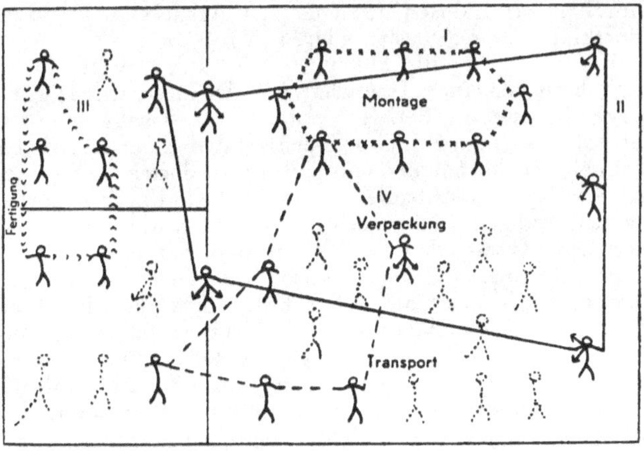

Fig. 3: Informelle Gruppen im Industriebetrieb[32])

[32]) „Personen" in Fig. 3 von denen Pfeile ausgehen, sollen Werkmeister symbolisieren. Im übrigen ist angenommen, daß in den Fertigungsabteilungen vorwiegend gelernte, in Montage und Verpackung angelernte und im Transport ungelernte Arbeiter beschäftigt sind. — Die Grundlage (nicht die Verbindungslinien informeller Gruppenbildungen) von Fig. 3 ist durch Fig. 16 in dem Buch von D. C. Miller und W. H. Form (a.a.O.; S. 108) angeregt.

[33]) The Social Psychology of Industry (Pelican Books 1954); S. 130.

über den ganzen Betrieb hin und die der intimen Freundschaft zwischen zwei oder drei Personen.

Obgleich eine Vielzahl von Gründen zu informellen Gruppenbildungen im Industriebetrieb Anlaß geben mag, gibt es doch einige wiederkehrende Ursachen solcher Gruppierungen. Besonders häufig sind Gruppierungen (1) auf Grund ständigen Zusammenseins an einem gemeinsamen Arbeitsplatz, z. B. unter Arbeitern einer Montagelinie (Fig. 3: I), (2) auf Grund gleicher Stellungen trotz räumlicher Trennung am Arbeitsplatz, z. B. unter Werkmeistern (Fig. 3: II), (3) auf Grund von Stellungen gleichen Prestiges trotz räumlicher Trennung am Arbeitsplatz, z. B. unter Schweißern und Drehern usw. (Fig. 3: III), (4) auf Grund von Bekanntschaft oder gemeinsamen Interessen außerhalb des Industriebetriebes, z. B. durch Nachbarschaft, Sportklubs, Parteien usw. (Fig. 3: IV).

H. Schelsky hat die Meinung vieler ausgedrückt, als er vor Jahren vor einer „Überschätzung der informellen Gruppenbedürfnisse im Betrieb“ warnte und darauf hinwies, daß solche kleinen Primärgruppen bei den „bodenständigen Stammbelegschaften der europäischen Industrie“ sehr viel seltener seien[34]). Abgesehen davon jedoch, daß solche „bodenständigen Stammbelegschaften“ heute allerorten mehr ein Mythos als eine Realität sind, hat sich der Verdacht, informelle Gruppen seien eine amerikanische Erfindung, auch sonst als völlig falsch herausgestellt. Eine Vielzahl von Untersuchungen der letzten Jahre hat das Wirken von informellen Gruppen in der europäischen Industrie bestätigt[35]; ohnehin kann man sich das Funktionieren beliebiger sozialer Organisationsformen ohne informelle Gruppierungen schwer vorstellen.

Das Wirken der kleinen, ungeplanten, auf unmittelbaren „face-to-face“-Beziehungen beruhenden Gruppierungen, um die es hier geht, ist ebenso nuancenreich wie mehrdeutig. Informelle Gruppen sind einerseits der Kitt, der

---

34) H. Schelsky: a.a.O.; S. 182.

35) Vgl. dazu jetzt R. König: Die informellen Gruppen im Industriebetrieb, in Organisation (Berlin-Baden-Baden 1961).

die formelle Betriebsorganisation (mit ihren unvermeidlichen Lücken und Unvollkommenheiten) zusammenhält. Der Neue, der in den Betrieb kommt, wird zwar formell an seinem Arbeitsplatz eingewiesen; aber erst die dort bestehenden informellen Gruppierungen vermögen ihm wirkliche Vertrautheit mit seinen Aufgaben zu vermitteln. Die Aufstiegshierarchie, das Lohnsystem und die Drohung der Entlassung zwingen den Einzelnen zwar zur Arbeit; aber nur die Atmosphäre in informellen Gruppierungen, die von jeder bewußten Steuerung unabhängig ist, entscheidet darüber, ob die Menschen in einem Betrieb zur Kooperation bereit sind oder nicht. Die skalare Organisation soll die effektive Weitergabe von Nachrichten sowohl „von oben nach unten" als auch „von unten nach oben" gewährleisten; ohne die Existenz von informellen Gruppen jedoch ginge manche Anordnung und manche Anregung auf dem „Dienstweg" verloren. Man mag daher geneigt sein, in informellen Gruppen den wichtigsten Integrationsfaktor des Betriebes überhaupt zu sehen.

Andererseits kann das Wirken informeller Gruppen auch in ganz andere Richtung gehen. Jeder erwähnte Aspekt ist zweideutig. Informelle Gruppen sind nicht nur Kommunikationsinstrumente, sondern auch Kanäle, durch die sich Gerüchte mit Windeseile fortpflanzen. Diese Gruppen können die Kooperationsbereitschaft fördern, aber auch hemmen. Vom böswilligen „Klatschen" über das bewußte oder unbewußte „Bremsen" der Arbeitsleistung bis zum „wilden Streik" steht informellen Gruppen eine Vielzahl an Mitteln zur Verfügung, um dem Ärger über bestimmte Vorgesetzte oder Maßnahmen der Betriebsleitung Ausdruck zu geben. Man mag sagen, daß das Verhalten der informellen Gruppen ein Thermometer des Betriebsklimas ist. Wie das Wetter entzieht sich auch das so verstandene Betriebsklima allerdings weitgehend den Möglichkeiten bewußten Eingriffs. Informelle Gruppen erweisen das Doppelgesicht der Sozialstruktur industrieller Betriebe, die Nähe von Integration und Zwang, gleichgewichtigem Funktionieren und Konflikt.

V. Betriebliche und industrielle Konflikte

1. Die Quellen des Konfliktes im Industriebetrieb

Vor der Entstehung einer eigentlichen Industrie- und Betriebssoziologie stand im Vordergrund des soziologischen Interesses am Industriebetrieb das von *K. Marx* bekannte Modell der aus den betrieblichen Eigentums- und Kontrollverhältnissen erwachsenden Interessengegensätze und Spannungen: Das Kapital oder die Kapitalisten, als Besitzer der Produktionsmittel vorwiegend an der Erzeugung eines Mehrwertes interessiert, stehen — nach diesem Modell — im konstitutionellen Kampf mit dem wachsender Verelendung ausgesetzten Proletariat, den Arbeitern. Eine Reihe von Entwicklungen haben diesen im Zeitalter der Industrialisierung tatsächlich bedeutsamen Gegensatz in der entwickelten mechanisierten Industrie entschärft. Vor allem die Bildung von Aktiengesellschaften mit ihrer Trennung von Eigentum und Kontrolle, der Ersatz der „Kapitalisten" durch die „Manager" (*J. Burnham*), die Entstehung einer mittleren Angestelltenschicht und die materielle und auch machtmäßige Besserstellung der Arbeiter lassen heute die These von einer Aufspaltung der Industrie und des Industriebetriebes in „zwei große feindliche Lager, in zwei große, einander direkt gegenüberstehende Klassen" (*K. Marx* und *F. Engels*) als grobe Vereinfachung, ja als falsch erscheinen. Dennoch wäre es ungerechtfertigt, aus dem Verschwimmen der Klassenfronten des früheren Industrialismus zu schließen, daß der Industriebetrieb des entwickelten Industrialismus keine Spannungen von der Form der Klassengegensätze mehr kenne.

Sind auch der industrielle Konflikt und die Möglichkeiten seiner Schlichtung ein überbetriebliches Phänomen, so hat doch die Klassenstruktur im Einzelbetrieb ihren Ursprung und auch dort eine verhaltensprägende Bedeutung und bedarf daher zunächst der betriebssoziologischen Analyse. Dabei wird es sich empfehlen, den Gedanken von „Klassengegensätzen" zu verallgemeinern und alle Formen von Konflikten einzubeziehen. Auch eine so verbreiterte

Analyse führt indes auf die grundlegenden Interessenkonflikte zurück.

Die im Industriebetrieb zur Geltung kommenden Gruppeninteressen sind nicht notwendig antagonistisch. „Bei völliger Abwesenheit gemeinsamer Interessen", bemerkt *W. E. Moore* richtig[1]), „kann es keinen Konflikt geben: es gäbe nichts, worum zu kämpfen wäre." *Moore* fügt hinzu: „So ist es normalerweise gleich vorteilhaft für Unternehmer und Arbeiter, daß ein industrielles Unternehmen bestehen bleibt." Über diesen formalen, fast definitorischen Punkt indes geht die Gemeinsamkeit der Interessen aller am Industriebetrieb Beteiligten gewöhnlich nicht hinaus. Während die sogenannten Unternehmer, also die Träger der durch Planungs-, Anordnungs- und Aufsichtsfunktionen definierten sozialen Rollen, kraft dieser Rollen und ungeachtet ihrer persönlichen Überzeugungen vordringlich an der Wirtschaftlichkeit des Unternehmens interessiert sind, sind die Arbeiter wiederum auf Grund ihrer Rollen von solcher Verantwortung ausgeschlossen und daher an der Verbesserung ihrer sozialen Situation im weitesten Sinne interessiert. Die häufige Betonung der Paradoxie dieser Haltung, die in ihrem Widerspruch zur Abhängigkeit der Arbeiter vom Gesamtschicksal des Betriebes gesehen wird, ist zumindest faktisch wirkungslos, bis zu einem gewissen Grade aber auch irreführend, insofern nicht etwa die Unternehmer „altruistische", die Arbeiter aber „egoistische" Interessen verfolgen, sondern beide sich ihrer strukturellen Funktion gemäß verhalten. Auf dem Grunde des dadurch entstehenden Gegensatzes liegen nicht Vorurteile der einen oder anderen Seite, sondern echte Unterschiede der Machtverteilung.

Die Dichotomie der Interessen im Betrieb wird charakteristischerweise vor allem von Arbeitern auch heute noch als solche erlebt. *Popitz* und Mitarbeiter fanden, daß nahezu alle von ihnen befragten Arbeiter ihren Betrieb und die weitere Gesellschaft als in ein „Oben" und ein „Unten" gespalten erleben, wobei das „Oben" in der Regel mit den

1) Industrial Relations and the Social Order (New York 1946); S. 399 f

ersten Trägern von Autoritätspositionen beginnt[2]). Neben anderen Vorstellungen scheint hinter dieser Dichotomie vor allem der Herrschaftscharakter industrieller Betriebe zu stehen. Herrschaft ist eine ambivalente Kraft: einerseits wird durch die Ausübung von Herrschaft der Industriebetrieb zu einem funktionierenden Ganzen; andererseits bedeutet die Ausübung von Herrschaft immer die Aufspaltung von sozialen Organisationen in solche, die „etwas zu sagen haben" und solche, die gehorchen müssen. So wird dieselbe Kraft, die die Integration des Sozialsystems Betrieb vor allem bewirkt, zugleich als Zwang Ausgangspunkt jener Gegensätze, die in Industriebetrieben niemals fehlen.

Die Herrschaftsstruktur industrieller Betriebe ist die allgemeinste Quelle aller Konflikte; weil diese Herrschaftsstruktur sich nicht beseitigen läßt, wird es immer betriebliche und industrielle Konflikte geben. Doch ist diese allgemeine These in dreierlei Hinsicht zu ergänzen. Einmal lassen sich keineswegs alle systematischen Gegensätze im industriellen Bereich unmittelbar aus Herrschaftsbeziehungen ableiten; innerhalb der Bürokratie, im Verhältnis von Arbeitern und Angestellten oder Arbeitern und Gewerkschaften und anderswo spielen Abhängigkeiten vielmehr nur eine mittelbare Rolle. Sodann ist der Herrschaftscharakter von Industriebetrieben zwar letzte Ursache, nicht jedoch manifester Gegenstand industrieller Konflikte; hier sind vielmehr der Lohn, die Arbeitsbedingungen u. a. von vordringlicher Bedeutung. Schließlich bedeutet die These, daß Konflikte im industriellen Bereich so allgemein sind wie Herrschaftsverhältnisse, keineswegs, daß diese Konflikte immer gewaltsame Formen annehmen müssen; die Regelung von Konflikten ermöglicht Eingriffe in ihre Ausdrucksformen. Die drei Einschränkungen sind die Gegenstände der folgenden drei Abschnitte dieses Kapitels.

---

[2]) Vgl. H. Popitz und Mitarbeiter: Das Gesellschaftsbild des Arbeiters (Tübingen 1957).

2. Formen industrieller Konflikte

Wenn von „industriellem Konflikt“ die Rede ist, denkt man heute in der Regel an die Auseinandersetzungen zwischen Gewerkschaften und Unternehmern bzw. Unternehmerverbänden. Gesamtgesellschaftlich sind dies gewiß die wichtigsten Auseinandersetzungen im industriellen Bereich; doch stehen im einzelnen Betrieb zwei andere Formen im Vordergrund, die ohnehin das Alltagsleben der Industrie sehr viel stärker bestimmen.

Da sind zunächst jene Auseinandersetzungen, die man „informelle Konflikte“ nennen kann, weil sie am wenigsten verfestigt sind und in der Regel von informellen Gruppen getragen werden. Die Ablehnung bestimmter Vorgesetzter oder bestimmter Maßnahmen mit ihren Folgen sind typische Formen solcher informeller Konflikte. Wenn entgegen einer Anordnung eine alte Arbeitsweise beibehalten wird, Proteste gegen eine Versetzung laut werden, die Arbeitsleistung unter einem Vorgesetzten erheblich absinkt — dann bezeugt dies in der Regel das Wirken informeller Gruppen gegen die Interessen der Betriebsleitung, also informelle Konflikte.

Wichtiger noch ist eine Form von Konflikten, die erst in jüngster Zeit allgemein als solche erkannt wird: „umgeleitete Konflikte“. Hier handelt es sich darum, daß hinter einer Häufung scheinbar rein individueller Verhaltensweisen tatsächlich soziale Spannungen stehen. Die Fluktuationsrate eines Betriebes steigt, der Krankenstand ist beträchtlich höher als in vergleichbaren Betrieben, die Unfallhäufigkeit nimmt zu — sämtlich Verhaltensweisen, die zunächst nur einzelne betreffen. Dennoch läßt sich nicht selten zeigen, daß hier Einzelne, bewußt oder unbewußt, für sich einen Ausweg aus einer überpersönlichen Situation der Spannung und des Konflikts gesucht haben. Weil es ihnen nicht möglich war, ihren Interessen durch Organisationen Ausdruck zu verschaffen, haben viele Einzelne die persönliche Konsequenz gezogen und kündigen. *L. von*

Friedeburg hat auf diese Weise unterschiedliche Fluktuationsraten im Steinkohlenbergbau einleuchtend erklärt[3]).

Auch die „manifesten Konflikte", die organisierten Auseinandersetzungen zwischen den Arbeitsmarkt-Parteien, nehmen innerhalb des Betriebes andere Formen an als bei überbetrieblichen Streitigkeiten. Zumal in Deutschland werden innerbetriebliche Auseinandersetzungen in der Regel zwischen Betriebsrat und Management ausgetragen. Beide Gruppen begegnen einander regelmäßig oder von Fall zu Fall, besprechen vorliegende Probleme und suchen nach Lösungen. Durch die Trennung der Betriebsräte von den Gewerkschaftsorganisationen bleiben auf diese Weise in Deutschland viele Gegensätze auf den betrieblichen Bereich beschränkt.

Eigentliche Träger des manifesten Konfliktes sind jedoch heute in Deutschland wie in allen freien Ländern die großen organisierten Verbände der Unternehmer und der Arbeitnehmer[4]). Dabei ist zu bedenken, daß zumal die Entwicklung der Gewerkschaften, vom Standpunkt der ursprünglichen Rechtsverfassung der Industrie, ein anomales Phänomen darstellt. *T. H. Marshall* hat in einer glänzenden Analyse[5]) den Widerspruch zwischen dem zivilrechtlichen Charakter des Arbeitsvertrages zwischen dem einzelnen Unternehmer und dem einzelnen Arbeiter und der korporativen, d. h. politischen Einflußnahme der in den Gewerkschaften organisierten Arbeiter auf dieses Vertragsverhältnis aufgezeigt. „So hat das Gewerkschaftswesen ein sekundäres System industrieller Bürgerrechte parallel und ergänzend zu dem System politischer Bürgerrechte geschaffen"[6]). Das historische Argument der Gewerkschaften im Kampf um ihre rechtliche Anerken-

[3]) L. von Friedeburg: Zur Fluktuation im Steinkohlenbergbau, Bundesarbeitsblatt Nr. 22 (1957).

[4]) Ausnahmen von dieser verallgemeinernden These sind vor allem sogenannte „wilde Streiks", wie sie in allen Industrieländern immer wieder auftreten. In diesen deutet sich oft, zumal bei größerer Häufung (England seit 1945!), eine beginnende Umformierung der Konfliktfronten an.

[5]) In seinem Buch „Citizenship and Social Class" (Cambridge 1950); S. 43 f., S. 68 f.

[6]) T. H. Marshall: a.a.O.; S. 44

nung als Verhandlungspartner lag in dem Hinweis darauf, daß die Unternehmer als Vertreter ihrer Unternehmen nicht in demselben Sinn rechtliche Individuen seien wie die Arbeiter. Die Anerkennung dieses Arguments, die rechtliche Verankerung der Gewerkschaften (und dann auch der Unternehmerverbände) ist dann zum eigentlichen Ausgangspunkt der noch zu erwähnenden „Institutionalisierung des Klassengegensatzes" geworden.

Nach Stärke und Form der Gewerkschaftsorganisation sind die einzelnen Industrieländer erheblich voneinander unterschieden. Obwohl die deutsche Gewerkschaftsbewegung nach Mitgliederzahlen (nach der englischen) zu den stärksten gehört, scheint sie an innerer Geschlossenheit (und das heißt: faktischer Stärke) sowohl hinter der amerikanischen als auch hinter der englischen zurückzustehen. Diese Tatsache ist umso erstaunlicher, als der Aufbau der Gewerkschaften in Deutschland mit den (seit 1945) im Deutschen Gewerkschaftsbund (DGB) zusammengefaßten 16 Industriegewerkschaften klarer ist und daher größere Schlagkraft ermöglichen sollte als der Aufbau der amerikanischen oder englischen Gewerkschaften. Zumal in England, wo 1951 noch 704 Gewerkschaften der verschiedensten Art (Industriegewerkschaften, Berufsgruppengewerkschaften, Handwerkergewerkschaften, örtliche Gewerkschaften und andere Arten) bestanden, ist der Aufbau der Gewerkschaftsbewegung uneinheitlich und unübersichtlich. Dennoch zeichnet sich in allen Ländern im Zuge industrieller Entwicklung eine Tendenz zur Zusammenfassung der gewerkschaftlichen Kraft ab, wofür der DGB in Deutschland, der Trades Union's Council (TUC) als Dachverband in England und die seit langem andauernden Diskussionen über die jetzt erfolgte Vereinigung der beiden großen amerikanischen Gewerkschaftsverbände AFofL (American Federation of Labor) und CIO (Congress of Industrial Organizations) Zeugnis ablegen.

Die drei hier unterschiedenen Formen industrieller Konflikte sind in der Wirklichkeit keineswegs eindeutig trennbar. Viele Konflikte, die in freien Gesellschaften manifest werden, treten in totalitären Staaten als informelle oder umgeleitete Konflikte auf; andererseits trägt jeder informelle und umgeleitete Konflikt in sich eine Tendenz zur Organisation. Vielleicht läßt sich darüberhinaus verallgemeinernd sagen, daß jeder manifeste Konflikt dank der Organisation der Beteiligten in sich eine Tendenz zur Versteinerung, damit zur neuerlichen Hervorbringung informeller und umgeleiteter Konflikte innerhalb der bestehenden Organisationen trägt. Jedenfalls verdient die These, die mit der Vertretung der Arbeiter betrauten Gewerkschafter bzw. Betriebsräte entfernten sich zunehmend von den Interessen, um deren Wahrnehmung willen sie ihre Funktionen innehaben, Beachtung. Zu ihrer Unterstützung ist auf die oft geringe Beteiligung der Arbeiter an Gewerkschaftsversammlungen sowie das allgemein geringe Interesse an Gewerkschaftsangelegenheiten verwiesen worden. Es hat indes den Anschein, als träfe Kritik im Sinne dieser These nur die unvermeidlichen Folgen der Schaffung neuer Institutionen. So wendet *G. D. H. Cole* mit Recht gegen die Folgerungen aus einer empirischen Untersuchung von *J. Goldstein*[7]), die geringe Beteiligung der Arbeiter an Gewerkschaftsangelegenheiten dokumentiere „Apathie" und führe zu einem „undemokratischen" Regiment einer schmalen Gewerkschaftselite, ein: „Aber für welchen Gruppen- oder Gesellschaftstyp gilt dies nicht? . . . In Gewerkschaften wie in anderen Verbänden besteht die Demokratie darin, jedem Mitglied die Chance zu geben, sich aktiv zu beteiligen, wenn es das will: sie kann sich nicht darauf erstrecken, die aktive Teilnahme der Mehrzahl zu sichern, es sei denn in außergewöhnlichen Krisenmomenten"[8]). Tatsächlich erweist sich vielmehr an den innergewerkschaftlichen Auseinandersetzungen die soziale Funktion aller Konflikte — ob informell, umgeleitet oder manifest —: Konflikte sind stets eine schöpferische Kraft, die versteinerte soziale Verhältnisse aufzulockern und neue Formen hervorzubringen vermag. In diesem Sinne ist die Existenz von Konflikten Beweis nicht der „Krankheit", sondern der Vitalität eines Betriebes und Wirtschaftssystems.

3. Gegenstände industrieller Konflikte

Die Gegenstände industrieller Konflikte sind so vielfältig wie die Phantasie der an ihnen Beteiligten. Die Ablehnung

7) The Government of British Trade Unions (London 1952).

8) G. D. H. Cole: An Introduction to Trade Unionism (London 1953); S. 40/41.

von Vorgesetzten und Maßnahmen ist schon erwähnt worden. Obwohl man das Resultat des Hawthorne-Experiments so (fehl-)interpretieren könnte, als seien die Arbeitsbedingungen für Industriearbeiter vergleichsweise nebensächlich, haben die physischen, psychischen und sozialen Arbeitsbedingungen immer eine große Rolle in Auseinandersetzungen auf betrieblicher und überbetrieblicher Ebene gespielt. Fragen des Prestiges und der Aufstiegsmöglichkeiten bilden insbesondere in bürokratischen Zusammenhängen wichtige Gegenstände der sichtbaren oder unterschwelligen Auseinandersetzung. Im Fabrikbereich hat dagegen die technische Entwicklung seit den Tagen der Ludditen immer wieder Anlaß zu Protesten gegeben; auch heute noch stehen Arbeiter technischen Neuerungen in ihrem eigenen Bereich zwar zustimmend, der technischen Entwicklung allgemein jedoch höchst bedenklich gegenüber[9]).

Der Gegenstand industrieller Konflikte ist keineswegs identisch mit ihrer Ursache. Im Grunde ist industrieller (wie sozialer) Konflikt immer eine Auseinandersetzung um Machtbefugnisse. Es liegt dabei in der Struktur der industriellen Situation, daß in dieser Auseinandersetzung die Arbeiter bzw. die Gewerkschaften stets die Verlangenden, Fordernden waren, die Unternehmer dagegen als Verteidiger der bestehenden Machtstrukturen auftraten. Als manifester Gegenstand des industriellen Konflikts ist die Anfechtung der Legitimität der bestehenden Machtverteilung und die Forderung nach ihrer Veränderung indes erst in jüngster Zeit hervorgetreten. Der Konflikt zwischen Unternehmern und Arbeitern trat (und tritt auch heute noch) vorwiegend als Lohnkonflikt in Erscheinung. Doch darf dieser sichtbare Ausdruck der in der Industrie vorwaltenden Gegensätze ebensowenig wie die übrigen Gegenstände des Konflikts mit deren eigentliche Ursache verwechselt werden. „Der Schlüssel zu diesem Rätsel ist, daß der Lohntarif eher das traditionelle Symbol für den eigentlichen Konflikt als dessen Gegenstand selbst ist. Das zugrundeliegende Problem ist der

---

9) Vgl. den Abschnitt von E. A. Jüres in H. Popitz und Mitarbeiter: Das Gesellschaftsbild des Arbeiters (Tübingen 1957).

Konflikt zwischen der Auffassung des Unternehmens vom Lohn als Kosten und der des Arbeiters vom Lohn als Einkommen. Der wirkliche Streitpunkt ist also nicht im eigentlichen Sinn ein ökonomischer, sondern einer der Natur und Funktion des Lohns: Soll das Bedürfnis des Unternehmens oder das des Arbeitnehmers die Grundlage für die Bestimmung der Funktion des Lohns abgeben?" *(P. F. Drucker*[10]*)*.

Der Symbolcharakter des Lohnkonflikts läßt sich an den gewerkschaftlichen Begründungen ihrer Lohnforderungen ablesen. Eine solche Analyse offenbart auch den Wandel im Gegenstand des Konfliktes, der sich in allen Industriegesellschaften mit zunehmender industrieller Entwicklung vollzieht. In der Frühzeit der Industrie liegt den Lohnforderungen der Arbeiter zumeist das elementare Verlangen nach Sicherung eines materiellen Mindeststandards zugrunde. Das „Bürgerrecht auf das Existenzminimum" *(T. H. Marshall)* steht im Mittelpunkt industriellen Kampfes. In einer zweiten Phase unterstützen die Gewerkschaften ihre Lohnforderungen vor allem mit dem Hinweis auf die oft an einem zahlenmäßigen Index gemessenen Lebenshaltungskosten. Lohnerhöhungen werden auf Grund steigender Indexzahlen gefordert, während sinkende Lebenshaltungskosten gewöhnlich nicht als Grund für Lohnsenkungen anerkannt werden. Der diesen manifesten Interessen zugrundeliegende Konflikt geht um das Recht der Arbeiter auf Sicherung ihrer einmal gewonnenen Position. Ein neues Argument taucht schließlich in einer dritten Phase in den Lohnforderungen der Gewerkschaften auf: die Forderung, bei guter Geschäftslage oder gesteigerter Produktivität an den Unternehmensprofiten durch Lohnerhöhungen beteiligt zu werden. In dieser Forderung drückt sich das Verlangen nach Anerkennung des auch direkt angemeldeten Rechtes auf Mitbestimmung, auf Institutionalisierung der Teilhabe der Arbeitnehmer an den Geschicken des Betriebes und Unternehmens aus.

Es ist deutlich, daß die den sich wandelnden Argumentationen im Lohnkonflikt zugrundeliegenden Veränderungen im Gegenstand industrieller Auseinandersetzungen nur

[10]) The New Society (New York 1950); S. 76.

Teil einer gesamtgesellschaftlichen Entwicklung in Richtung auf die ständige Erweiterung der Gleichheitsrechte aller Bürger sind. Allgemein politische und spezifisch industrielle Wandlungen wirken hier ständig aufeinander ein. So läuft denn auch der Wandel in den Ausdrucksformen des industriellen Konfliktes, eben jene Bewegung zur Institutionalisierung des Klassengegensatzes, parallel zum Wandel der Gegenstände dieses Konfliktes und der Demokratisierung der Gesamtgesellschaft.

4. Industrielle Beziehungen

a) Die Dimensionen industrieller Konflikte

Das radikalste Mittel zur Durchsetzung gewerkschaftlicher Forderungen war stets und ist nach wie vor der Streik, die Arbeitsniederlegung durch die Arbeitnehmer. Gegenüber dem Streik ist die entsprechende Maßnahme der Unternehmer, die Aussperrung (lockout) der Arbeiter in der Regel schon darum wirkungsloser, weil die Unternehmer nur in seltenen Fällen ihrerseits Forderungen durchzusetzen bemüht sind, die Aussperrung als Präventiv-Maßnahme also gewöhnlich nur aufschiebende Wirkung hat. Tatsächlich sind Aussperrung und Streik zudem oft schwer unterscheidbar. Neben Streik und Aussperrung kennen sowohl die Arbeiter als auch die Unternehmer noch eine Reihe anderer Mittel des industriellen Kampfes wie Streikdrohungen, Bremsen der Arbeit (go-slow), Sabotage usw. auf Seiten der Arbeiter, Verbot gewerkschaftlicher Agitation, Entlassung Einzelner usw. auf Seiten der Unternehmer.

W. E. Moores auf die Vereinigten Staaten bezogene Bemerkung gilt auch für alle anderen Industrieländer: „Die größte Annäherung an den Bürgerkrieg, die unsere Nation sich erlaubt, findet sich in der Gewalt oder angedrohten Gewalt, die hin und wieder im Bereich der ‚industriellen Beziehungen' erscheint"[11]). Doch ist der industrielle Konflikt keineswegs notwendig gewaltsam. Vielmehr soll der Begriff hier

11) W. E. Moore: a.a.O ; S. 399.

so verstanden werden, daß er auch geregelte Verhandlungen zwischen den Parteien noch einschließt. Es läßt sich eine Skala der Gewaltsamkeit von Auseinandersetzungen konstruieren, die von den bürgerkriegsähnlichen Auseinandersetzungen zwischen Unternehmern und Arbeitern etwa im Chicago der frühen 30er Jahre bis zu höflichen Gesprächen unter wohlgekleideten Männern bei einem Glase Bier reicht.

Konflikte unterscheiden sich nicht im Hinblick auf ihre Gewaltsamkeit, sondern auch in ihrer Intensität. Eine der wichtigsten Wandlungen der letzten 100 Jahre liegt sicher darin, daß für Arbeiter heute von industriellen Konflikten nicht mehr so viel abhängt wie früher. Die Energie, die in Auseinandersetzungen um Lohnfragen, Arbeitsbedingungen und Probleme der Betriebsverfassung investiert wird, ist geringer geworden; die Kosten der Niederlage sind für beide Beteiligten gesunken.

Allerdings muß weder die Entwicklung der Gewaltsamkeit noch die der Intensität industrieller Konflikte geradlinig verlaufen; neue Verschärfungen sind in jedem Lande möglich. Das Hauptinteresse der Soziologie in diesem Bereich liegt daher auf den Bedingungen, unter denen industrielle Konflikte mehr oder minder gewaltsam, mehr oder minder intensiv werden. Sieht man von den aus der Gesellschaft in den industriellen Bereich hineinwirkenden Faktoren ab, so spielt hier vor allem zweierlei, die Regelung der Konflikte und die Betriebsverfassung, eine Rolle.

b) Die Regelung industrieller Konflikte

Mit der Organisation der beteiligten Parteien ist in der Regel schon ein erster Schritt zur Milderung industrieller Konflikte getan; jedenfalls lassen organisierte Konflikte sich leichter regeln als nichtorganisierte. Doch hat die erfolgreiche Regelung industrieller Konflikte eine Reihe von Voraussetzungen, die sich nur sehr langsam bei den Beteiligten durchgesetzt haben und noch heute nicht selten verletzt werden. Man könnte diese Voraussetzungen als Prinzipien der industriellen Beziehungen bezeichnen: (1) Industrielle Konflikte lassen sich nicht ein für allemal beseitigen; es ist daher wichtig, daß die Notwendigkeit und der Sinn der Konflikte von den Beteiligten erkannt und anerkannt werden. (2) Während die bestimmten Gegenstände einzelner Konflikte gelöst werden können, liegen die letzten Ursachen der Konflikte in unwandelbaren Strukturelementen des Betriebes; jede Regelung von Konflikten muß sich daher unter Hinnahme der bleibenden Ursachen auf die Ausdrucksformen von Konflikten konzentrieren. (3) Dabei ist wichtigste Voraussetzung der Milderung dieser Ausdrucksformen, daß die Konflikte in verbindlicher Weise kanalisiert, also aus dem Stadium des „Partisanenkrieges“ herausgeführt werden. (4) Dies geschieht in der Regel dadurch, daß die Beteiligten sich auf gewisse Spielregeln des Verkehrs einigen, die der gewaltsamen Auseinandersetzung einen Riegel friedlicher Verhandlungen vorschieben.

Diese Prinzipien der industriellen Beziehungen sind weitgehend eine nachträgliche Formulierung der Grundlagen jener Entwicklung der letzten Jahrzehnte, die *Th. Geiger* mit Recht als eine „Institutionalisierung des Klassengegensatzes“ beschrieben hat. Seit langem schon gibt es eine Reihe von Institutionen, die zwischen den Parteien vermitteln und damit Konflikte entschärfen. Hier sind an erster Stelle die verschiedenen Institutionen der Kollektivverhandlung („conciliation“) zu nennen, die in allen Industrieländern bestehen. Vertreter der Unternehmer und der Gewerkschaften bzw. im Betrieb des Management und des Betriebsrates treffen sich zu Verhandlungen und suchen meist einstimmige Entscheidungen. Scheitern solche Verhandlungen, dann bietet sich zunächst die Möglichkeit der Vermittlung („mediation“) durch einen neutralen Dritten, der auf Grund einer Übereinkunft der Betroffenen hinzugezogen und um Rat befragt wird. Obwohl der Vermittler keinerlei formelle Autorität hat, vermag er oft (wie *C. Kerr* eindrucksvoll gezeigt hat[12]) eine verfahrene Situation durch neue Ideen und Vorschläge zu klären. Wo an Stelle der Vermittlung oder nach ihrem

12) C. Kerr: Industrial Conflict and Its Mediation, American Journal of Sociology 60 (1954).

Scheitern ein System der Schlichtung („arbitration") bemüht wird, sind die Parteien schon stärker gebunden; normalerweise ist entweder die Heranziehung eines Schlichters oder die Annahme seiner Entscheidung verbindlich. Die Zwangsschlichtung allerdings, zu der die Parteien etwa durch Gesetze gezwungen werden, ist kaum noch ein sinnvolles Instrument der Regelung von Konflikten. Auch bei der Schlichtung schon wächst der Erfolg in dem Maße, in dem der Schlichter von staatlichen Instanzen unabhängig ist und seine Aufgabe „politisch" (im Gegensatz zu „juristisch") versteht[13]).

Während die Funktion der vermittelnden Institutionen des industriellen Konflikts in allen entwickelten Industriegesellschaften die gleiche ist, weist die Arbeitsverfassung verschiedener Länder im einzelnen bezeichnende Unterschiede auf. Diese gehen zum Teil auf den unterschiedlichen Aufbau der Gewerkschaften und die unterschiedliche Rolle des Staates, zum Teil aber auch auf unterschiedliche „sozialethische" Einstellungen und Wertsetzungen zurück. So ist für Deutschland, im Gegensatz zu Großbritannien und den Vereinigten Staaten, das Fehlen im eigentlichen Sinn „industrieller", d. h. über den Einzelbetrieb hinausgehender und doch im Rahmen der Industrie gehaltener Beziehungen zwischen Unternehmern und Arbeitern kennzeichnend. Hier „werden viele der Beziehungen zwischen Arbeitgeber und Arbeitnehmer auf der Basis gegenseitiger Verständigung geregelt, ohne daß dies irgendwo schriftlich niedergelegt wird, viele andere Verhältnisse werden vorzugsweise durch Gesetz und weniger durch kollektive Verträge festgelegt" (*W. H. McPherson*[14]). Die Tatsache, daß die deutschen Betriebsräte, im Gegensatz etwa zu den „shop stewards" in England und den „stewards" in den USA, „keine organische Verbindung zu den Gewerkschaften" haben[15]), entspricht dem Fehlen einer gewerkschaftlich-unternehmerischen Zwischenebene (der Ebene des „collective bargaining" in England und den USA) zwischen Einzelbetrieb und Gesamtgesellschaft in

---

13) Vgl. dazu D. Lockwood: Arbitration and Industrial Conflict, British Journal of Sociology VI (1955).

14) Betrachtungen zur deutschen Arbeitsverfassung; in: H. D. Ortlieb und H. Schelsky (Hg.): Wege zum sozialen Frieden (Stuttgart-Düsseldorf 1954); S. 69.

15) W. H. McPherson: a.a.O.; S. 64.

Deutschland. Man hat daher von einer „syndikalistischen" Tendenz der deutschen Arbeitsverfassung gesprochen[16]).

Auch das beste System der Regelung von Konflikten kann das Auftreten gewaltsamer Auseinandersetzungen wahrscheinlich nicht ganz verhindern. Die Rede von einer „industriellen Demokratie" ist ja in mehr als einer Hinsicht ungenau: Das politische Widerspiel von Regierung und Opposition beruht auf der Annahme, daß durch Wahlen die Rollen vertauscht werden können; daher sind im politischen Bereich Mehrheitsbeschlüsse möglich und Revolutionen und Bürgerkriege prinzipiell unnötig. In der Industrie dagegen besteht die Annahme des Rollentausches nicht; „Regierung" und „Opposition" liegen weitgehend fest; Mehrheitsbeschlüsse sind unmöglich; es bleibt nicht aus, daß alle Vermittlungs- und Regelungsinstitutionen gelegentlich scheitern. Doch vermag ein wohldurchdachtes System der Regelung von Konflikten deren Gewaltsamkeit und auch Intensität sehr einzuschränken.

c) Die Betriebsverfassung

Über die Schaffung von Institutionen zur Regelung von Konflikten hinaus sind in vielen Ländern seit langem schon Versuche unternommen worden, durch Veränderung der Betriebsstruktur in die Konflikte einzugreifen. Diese Versuche waren jedoch nur zum Teil erfolgreich, weil sie häufig die notwendigen Funktionsbedingungen industrieller Betriebe außer Acht gelassen und utopische Programme zu verwirklichen gesucht haben. Das letztere gilt insbesondere für alle Versuche, Konflikte durch Veränderungen der Betriebsverfassung „an der Wurzel zu packen" und „von der Ursache her auszuräumen" — Versuche, die vor allem mit dem Rätegedanken seit dem Anfang des 20. Jahrhunderts verknüpft sind.

Die Variationsmöglichkeiten der Betriebsverfassung sind groß; doch muß bezweifelt werden, ob sie wirklich von der „einseitigen" Herrschaft der Arbeitnehmer (!) bis zur „völli-

16) So G. Briefs in seinem Buch „Zwischen Kapitalismus und Syndikalismus" (München 1952).

gen Zweiseitigkeit" der Herrschaft (O. *Neuloh*[17]) reichen. Wahrscheinlich sind beide Vorstellungen nur Beispiele für Management-Ideologien (um mit *Bendix* zu sprechen[18]), d. h. Versuche der Rechtfertigung der prinzipiell unantastbaren Strukturtatsache, daß es stets einige gibt, die herrschen. Doch lassen sich realistisch mindestens die beiden kontrastierenden Idealtypen der absoluten und der konstitutionellen Herrschaft im Betrieb unterscheiden: Während bei der ersteren der oder die Eigentümer/Unternehmer (ob Privatleute oder staatliche Instanzen) in ihren Entscheidungen ungebunden sind, besteht bei der letzteren eine klare Bindung der Leitung an die Untergebenen, eine oft quasi verfassungsmäßig niedergelegte wechselseitige Abhängigkeit. Vielleicht darf man von einer Tendenz zur Ausbreitung des konstitutionellen Typs der betrieblichen Herrschaft sprechen.

Unter dem Aspekt der Betriebsverfassung ist sowohl das deutsche System der Betriebsräte als auch vor allem die sogenannte Mitbestimmung höchst problematisch. Die Betriebsräte waren von Anfang an mit der Zwitterrolle belastet, einerseits die „Wahrnehmung der gemeinsamen wirtschaftlichen Interessen der Arbeitnehmer ... dem Arbeitgeber gegenüber" und andererseits die „Unterstützung des Arbeitgebers in der Erfüllung der Betriebszwecke" leisten zu müssen[19]). Bei der Mitbestimmung liegt es, vor allem für den Arbeitsdirektor, noch schlimmer; hier wird einem Mitglied des Management strukturwidrig die Aufgabe der Vertretung von Arbeitnehmerinteressen zugeschrieben. In beiden Fällen müssen die Träger der Positionen einer Seite ungerecht werden — und in beiden Fällen bedeutet dies, daß Einrichtungen, die zur Milderung der Konflikte geschaffen wurden, tatsächlich neue Konflikte hervorrufen.

Das gleiche gilt auch für alle anderen Formen der „Beteiligung der Arbeitnehmer an der Leitung von Unternehmen", wie sie etwa in Jugoslawien, Polen, Israel und anderen Ländern entwickelt worden sind, sowie für die in Unternehmerkreisen vieldiskutierte „Partnerschaft", insoweit in dieser ein Rezept der Betriebsverfassung gesehen wird. Was immer genossenschaftliche

---

17) So O. Neuloh: Die deutsche Betriebsverfassung und ihre Sozialformen (Tübingen 1957).

18) Vgl. R. Bendix: Herrschaft und Industriearbeit (Frankfurt 1960).

19) Betriebsrätegesetz vom 4. Februar 1920, § 1.

Formen der Unternehmensverfassung leisten mögen, sie verändern die Strukturbedingungen des industriellen Konfliktes nicht. Da solche Formen aber häufig als Patentlösung angeboten werden, ist ihre Wirkung oft das Gegenteil ihrer Absicht — eine Verschärfung der Konflikte[20]).

Ansatzpunkte zur Durchsetzung einer konstitutionellen Herrschaft im Betrieb dürfen etwa in den folgenden Tendenzen gesehen werden: Durch Einschaltung eines angestellten Management zwischen Eigentümer und Arbeitnehmer tritt ein Prozeß der Versachlichung ein; von Betriebsversammlungen bis zu regelmäßigen Vorstandssitzungen mit dem Betriebsrat entstehen vielfältige Verhandlungskörperschaften im Betrieb; die Zugehörigkeit von Arbeitnehmervertretern zum Aufsichtsrat verändert zwar dessen Funktionen, schafft aber ebenfalls eine Verhandlungskörperschaft; in repräsentativ-demokratischen Staaten dringt auch in die Betriebe der Respekt vor den gleichen Bürgerrechten aller; u. a. m. Man könnte all diese Tendenzen auch als eine allmähliche Verwandlung von Macht in Herrschaft, von unumschränkter Befehlsgewalt zu sachlich und personell begrenzter Anordnungsbefugnis beschreiben. Es liegt auf der Hand, daß eine solche Entwicklung der Betriebsverfassung zur Milderung der Gewaltsamkeit und Intensität industrieller Konflikte beizutragen vermag.

VI. Zur Soziologie der industriellen Arbeit

1. Die Situation des Industriearbeiters („Objektive Faktoren")

Der spezifisch soziologische Ansatz zur Erforschung der Industrie und des Industriebetriebes liegt in der Konzentration auf die Strukturen sozialer Rollen und des Verhaltens der Menschen auf Grund der ihnen zugeordneten Rollen. Durch diesen Ansatz ist die industrielle Betriebssoziologie von den übrigen Arbeitswissenschaften klar geschieden. Nur in einem Fragenbereich ist eine solche Scheidung ohne Ge-

20) Vgl. dazu das Sonderheft der Zeitschrift Archives in the Sociology of Cooperation über Mitbestimmung (1958).

walt nicht möglich: in dem, der unter den Stichworten „Mensch und Technik", „der Mensch in der mechanisierten Produktion" oder „der Arbeiter und die Maschine" oft als Zentralbereich industrieller Sozialforschung angesehen worden ist. Die Hervorhebung dieses Gegenstandes ist zumindest insoweit berechtigt, als in der Lösung der mit ihm verknüpften Probleme der Motivation, Ermüdung, Leistungsanreize, Arbeitsfreude, Sozialanpassung usw. Arbeitsphysiologie, Arbeitspädagogik, Psychotechnik, industrielle Sozialpsychologie und Industriesoziologie einander begegnen und sich nur mehr durch die wechselnde Verteilung des Schwergewichts unterscheiden.

Das Schwergewicht des soziologischen Interesses an den Problemen der industriellen Arbeit liegt auf der Frage des Verhältnisses zwischen den an der Industrie beteiligten Personen, vor allem den Arbeitern, und ihren sozialen Rollen, vor allem der Maschinenarbeit. Das Thema der Soziologie der Industriearbeit ist in der Tat mit dem Titel der von *Max* und *Alfred Weber* angeregten Enquête des Vereins für Sozialpolitik, „Auslese und Anpassung der Arbeiterschaft der geschlossenen Großindustrie", sehr glücklich formuliert. Im einzelnen hätte der Soziologe zu diesem Thema vor allem zu fragen: (1) Wie (woher? auf welchen Wegen? warum?) kommen die Arbeiter in die Industrie hinein (Problem der Auslese)? (2) Was finden sie dort vor (Problem der objektiven Arbeitssituation)? Wie stellen sie sich dazu (Problem der Anpassung)?

In einer Hinsicht ist das Problem der Auslese in der entwickelten mechanisierten Industrie kein „Problem", kein Rätsel mehr (obwohl in den industrialisierenden Ländern Afrikas und Asiens hier das zentrale Problem liegt): Menschen gehen zur Arbeit in Industriebetriebe, weil sich ihnen andere Möglichkeiten der Bestreitung ihres Lebensunterhaltes nicht bieten. Mit der steigenden Bedeutung des industriellen Produktionssektors sinkt naturgemäß die Möglichkeit beruflicher Alternativen. Das Problem der Auslese verlagert sich von dem des Umfanges des industriellen Arbeitsmarktes zu dem spezielleren seiner Struktur: Woher kommen die Arbeiter geographisch? Woher sozial? Welche Berufs- und Qualifikationsgruppen sind ungenügend oder reichlich vertreten? Welche Industriezweige sind besonders anziehend oder abstoßend?

Die ersten beiden Fragen berühren Probleme der geographischen und sozialen,dann auch der industriellen und beruflichen Mobilität, d. h. des Wechsels von Ort zu Ort, von einer (Status-)Schicht in eine andere, von Industrie zu Industrie und Beruf zu Beruf. Viele Untersuchungen legen den Schluß nahe, daß die Rate des geographischen, sozialen, industriellen und beruflichen Ortswechsels in entwickelten Industriegesellschaften unvergleichlich größer ist als in den meisten früheren Gesellschaftsformen. Die Rede von „offenen" im Gegensatz zu den früheren „geschlossenen" (*K. R. Popper*[1]), von „zu ständiger Neuanpassung gezwungenen" im Gegensatz zu „festgefügten", „wohletablierten" (*E. Mayo*[2]) Gesellschaften bezeichnet die Instabilität der industriellen Arbeiterschaft wie der übrigen Gesellschaftsschichten. Doch darf die Behauptung, daß „wir die Stufe menschlicher Organisation verlassen haben, in der wirksame Kommunikation und Zusammenarbeit durch eingewurzelte Beziehungsformen gewährleistet waren" (*E. Mayo*[3]), nicht so ausgelegt werden, daß etwa die Auslese der industriellen Arbeiterschaft keinerlei Regelmäßigkeit mehr aufweise. Untersuchungen in einer Reihe von Ländern[4]) haben immer wieder gezeigt, daß die überwiegende Mehrzahl (über 70 %) der Kinder von Industriearbeitern wiederum Industriearbeiter werden. Auch die geographische Mobilität der Arbeiterschaft

---

1) The Open Society and Its Enemies (London 1952).

2) The Social Problems of an Industrial Civilization (London 1952), wo Mayo immer wieder den Gegensatz von „adaptive" und „established societies" bezeichnet.

3) A.a O.; S. 12.

4) Vgl. vor allem die von D. V. Glass herausgegebene englische Untersuchung „Social Mobility in Britain" (London 1954) mit einigen Vergleichsdaten für Frankreich und Italien; für Amerika s. W. E. Moore: a.a.O., S. 486 ff. und D. C. Miller und W. H. Form: a.a O., Kap. XVII; für Deutschland sei noch einmal auf das Werk von K. M Bolte verwiesen. Eine Zusammenfassung aller bisher zu diesem Problem erarbeiteten Materialien geben R. Bendix und S. M. Lipset: Social Mobility in Industrial Society (Berkeley 1959)

hält sich — zumindest in den europäischen Industrieländern und insoweit sie nicht durch Kriege gewaltsam befördert wird — innerhalb relativ enger Grenzen. Der aus außerindustriellen Berufen, insbesondere aus der Landwirtschaft, rekrutierte Teil der Arbeiterschaft ist meist gering[5]).

Das eigentliche soziologische und sozialpsychologische Problem der Arbeiterauslese in der entwickelten Industrie liegt weniger in der hohen Mobilitätsrate als in der Natur verschiedener Typen der Industriearbeit: Bestimmte Industriezweige (Feinmechanik, Automobilindustrie usw.) und bestimmte Berufe (vor allem angelernte Montage- und Maschinenarbeit) üben eine besondere Anziehungskraft aus, während für andere (Bergbau, Hüttenindustrie, Facharbeiterberufe, Schwerarbeit) das Angebot an Arbeitern nicht ausreicht. Dieses in allen entwickelten Industrieländern beobachtete Phänomen kann als Hinweis auf die Einstellung des Arbeiters zur Industriearbeit genommen werden. Ein bestimmter Berufstyp, der des angelernten Maschinen- oder Fließbandarbeiters (wenn möglich: in einem bekannten Großbetrieb der Massenproduktion) gilt, auf Grund berufsimmanenter (leichte, oft interessante Arbeit), indirekt mit dem Beruf zusammenhängender (kurze Lernzeit, relativ hoher Verdienst durch Akkordlohn) und im weiteren Sinne sozialer (Prestige, oft das geborgte Prestige eines Firmennamens) Anreize als besonders anziehend und wünschenswert. Sowohl beim Eintritt in die Industrie als auch bei dem späteren Wunsch nach Aufstieg schwebt vielen Arbeitern das Bild eines solchen Berufes als erstrebenswertes Ziel vor.

Die sich aus dieser Tatsache ergebenden volkswirtschaftlichen Probleme (Facharbeiter- und Schwerarbeitermangel, Unterangebot von Arbeitern für bestimmte Industriezweige) sind zum Anlaß für eine Reihe von mehr oder weniger umfassenden staatlichen Eingriffen geworden, die von Berufsberatung, Arbeitsvermittlung, staatlicher Propaganda zur Hebung des Status bestimmter Indu-

---

[5]) Vgl. dazu für Bergbau und Hüttenindustrie das von der Hohen Behörde der Montan-Union im Juni 1954 vorgelegte Material: Documentation sur les Problèmes du Travail dans les Industries de la Communauté (Emploi et Salaires).

striezweige, Prämienzahlungen usw. bis zur totalen Planung des Arbeitsmarktes (Kriegswirtschaft, Zwangswirtschaft) reichen.

Der von der Arbeiterschaft der entwickelten Industriegesellschaft vorgezogene Arbeitstyp ist auch objektiv in gewissem Sinne der Prototyp der Industriearbeit in der mechanisierten Produktion. Wenn auch die Mehrzahl industrieller Berufe diesen Prototyp nur unvollkommen verwirklicht, bezeichnet er doch die Entwicklungstendenz der industriellen Arbeitswelt. Dennoch darf aus seiner Beliebtheit bei den Arbeitern nicht ohne weiteres geschlossen werden, daß in ihm alle Unbefriedigungen und Verfremdungen der industriellen Arbeit beseitigt seien. Gilt die angelernte Maschinen- oder Fließbandarbeit auch als die erträglichste Form der Industriearbeit, so ist doch auch für diese die Frage relevant, ob sie die Entfremdung des Arbeiters befördert. Das Problem der Entfremdung hat zwei, oft in irreführender Weise vermischte Aspekte: den der (objektiven) Arbeitssituation und den der (subjektiven) Anpassung an diese und Einstellung zu dieser Situation.

Die objektive Arbeitssituation in der mechanisierten Produktion wird oft aus dem Gegensatz zur Arbeit in vorindustriellen Produktionsformen bestimmt. Gegen diesen Versuch ist wenig einzuwenden, doch neigen viele Soziologen bei der Gegenüberstellung der „natürlichen" und der „Maschinenwelt" (*G. Friedmann*[6]) zur romantischen Verklärung der mittelalterlichen Welt. Umgekehrt ist die technisierte Arbeit der Gegenwart eines der beliebtesten Objekte der Kulturkritik. Wie zuletzt *Popitz* gezeigt hat[7]), sahen und sehen viele im Verhältnis von Technik und Industriearbeit die Quelle alles Bösen. Gegenüber solchen meist recht uninformierten Einstellungen empfiehlt sich ein genaueres Studium der Situation und Haltung des modernen Industriearbeiters.

Der äußere Rahmen der industriellen Arbeitssituation läßt sich mit *W. E. Moore*[8]) in folgenden vier Faktoren

6) Die Zukunft der Arbeit (Köln 1953); Erster Teil.

7) H Popitz und Mitarb.: Technik und Industriearbeit (Tübingen 1957); Kap. I.

8) A.a.O.; S. 269 f.

fassen: (1) „Der moderne Arbeiter ist typisch nicht mehr Eigentümer seiner Werkzeuge“, er ist vielmehr (2) „angestellt von der Person oder Gesellschaft, die die Maschinen besitzt“. (3) „Intensität und Qualität der Arbeit, Länge des Arbeitstages, Beschäftigungsort werden alle zunehmend standardisiert“, wobei die eigenen Wünsche des Arbeiters oft hinter wirtschaftlichen und technischen Erfordernissen zurücktreten müssen. (4) „Durch Mechanisierung ist es möglich, die Zahl der Arbeiter wie die von ihnen verlangte Qualifikationen zu reduzieren“, so daß der Arbeiter zugleich in einer Konkurrenz- und Abhängigkeitsbeziehung zu den Bedingungen und Werkzeugen seiner Arbeit steht.

Hinsichtlich des eigentlichen Arbeitsvollzuges lassen sich diesen noch zwei weitere, objektiv gegebene Faktoren hinzufügen: (5) Der einzelne Arbeitsprozeß hat keinen selbständig produktiven Charakter, sondern ist Glied in einer Kette aufgesplitterter Arbeitsprozesse. Der einzelne Arbeitsprozeß wird daher in relativ kurzer Folge ständig wiederholt. (6) Für die Mehrzahl industrieller Arbeiter steht die Maschine zwischen dem Produkt und der Arbeitstätigkeit, so daß diese von einer produzierenden zu einer maschinenbedienenden Tätigkeit geworden ist. Die allermeisten Arbeitsprozesse in der Industrie sind heute Arbeiten „mit einer Maschine“ oder „an einer Maschine“[9]).

Diese Tatsachen haben gewisse beobachtbare Konsequenzen, die man ebenfalls noch der objektiven Arbeitssituation zurechnen mag. Um nur zwei davon zu erwähnen: Im Hinblick auf die kooperativen Beziehungen am Arbeitsplatz gilt allgemein, daß „gesteigerte Mechanisierung und Automatisierung ... zur Ausscheidung der teamartigen Momente innerhalb des Arbeitsgefüges“ führt[10]), d. h. den Gefügecharakter der Kooperation steigert. Die Technik wird sozusagen zum Instrument neuer Formen menschlicher Zusammenarbeit. Das bedeutet andererseits, daß der Entscheidungsspielraum des einzelnen Arbeiters an seinem Arbeits-

9) Begriffe nach H. Popitz und Mitarbeiter: Technik und Industriearbeit (Tübingen 1957); S. 112 ff.

10) A.a.O.; S. 91.

platz charakteristische Wandlungen durchmacht. Vom breiten Spielraum selbständiger Handwerksarbeit über den äußerst eingeengten Spielraum der mechanisierten Arbeit in kooperativen Gefügen zu den wiederum recht vielseitigen Berufen in der automatischen Produktion führt eine charakteristische Kurve.

Solche „objektiven" Elemente der Arbeitssituation in der technisierten Produktion sind ein besonderes Thema der Industriesoziologie der letzten Jahre. Dabei hat nach den anregenden Untersuchungen von *Naville* und *Touraine* in Frankreich sowie *Popitz*, *Bahrdt*, *Jüres* und *Kesting* in Deutschland vor allem die große vergleichende Studie über „Mechanisierungsgrad und Entlohnungsform" von *B. Lutz* und *A. Willener*, die gleichzeitig in allen Ländern der Montanunion durchgeführt wurde, reiches Material erbracht[11]). An Hand des Vergleiches von Walzwerken verschiedener Entwicklungsstufe werden hier die Arbeitssituationen unter wechselnden technichen Bedingungen eindringlich herausgearbeitet.

2. Die Einstellung zur Industriearbeit („Subjektive Faktoren")

Es ist ein wichtiges Ergebnis der empirischen Industrieforschung der letzten 30 Jahre, daß jeder Versuch, aus der mit solchen Faktoren bezeichneten objektiven Arbeitssituation des modernen Industriearbeiters Schlüsse auf seine subjektive Einstellung zu ziehen, ebenso in die Irre führt wie die Ableitung der Gefühle und Einstellungen des Arbeiters aus vereinfachenden Annahmen ohne tatsächliche Grundlage. Weder der Schluß vom repetitiven Charakter der Maschinenarbeit auf ihr Erlebnis als „monoton", noch der vom fehlenden „immanenten Interesse" der Industriearbeit auf die ausschließliche Bedeutung des Lohnes für die Motivation des Arbeiters ist haltbar. Was den ersten Irrtum angeht, so haben empirische Untersuchungen das Resultat des Hawthorne-Experiments immer wieder bestätigt, daß „Dinge, Personen und Vorkommnisse Träger sozialer Be-

---

11) Für die erwähnten Untersuchungen mit Ausnahme der zuletzt genannten vgl. das Literaturverzeichnis. Die mehrbändige Studie über „Mechanisierungsgrad und Entlohnungsform" liegt bis auf einen kurzen Gesamtbericht von Lutz und Willener bisher nur in hektographierter Form vor.

deutungen sind. Sie treten zur Zufriedenheit oder Unzufriedenheit des Arbeitnehmers nur in Beziehung, wie er sie von seiner persönlichen [besser wohl: sozialen — R. D.] Situation aus sieht"[12]). Der zweite Irrtum schließt die von *E. Mayo* als „Hordenhypothese" (rabble hypothesis[13]) und *J. A. C. Brown* als „Zuckerbrot-und-Peitsche-Hypothese" (carrot and stick hypothesis[14]) gebrandmarkte, vielfach falsifizierte Annahme ein, daß die Bindung des Arbeiters an die Arbeit nur auf dem positiven Anreiz des Lohnes und dem negativen der Angst vor Arbeitslosigkeit beruhe.

Die Kenntnis der Motivation, damit auch der Anpassung des Industriearbeiters ging lange Zeit über diese spekulativen Irrtümer nicht hinaus. Ihre Widerlegung verdanken wir der empirischen Sozialpsychologie und Soziologie, die damit zugleich erwiesen haben, daß Art und Grad der Anpassung des Arbeiters an die industrielle Arbeitssituation nur auf Grund systematischer empirischer Forschung bestimmt werden können. Der Versuch, Allgemeines über Motivation, Zufriedenheit und Anpassung der Arbeiter auszusagen, stellt daher bloß eine verallgemeinernde Formulierung einiger wichtiger Ergebnisse industrieller Sozialforschung dar. Im Sinne der soziologischen Absicht dieses Versuches sollen dabei solche Forschungsresultate in den Mittelpunkt gestellt werden, die zur Frage des Verhältnisses der Arbeiter zu den sie in der Industrie erwartenden Rollen Aufschluß erbracht haben.

Der Ausgangspunkt der meisten älteren empirischen Untersuchungen zur Motivation von Arbeitern war ein praktischer: Welche Faktoren beeinflussen die Arbeitsleistung? Unter den vermuteten Faktoren dieser Wirkung sind dann vor allem drei isoliert worden: (1) der vermeintlich negative Einfluß der aus dem kurzen Arbeitszyklus vieler Maschinenprozesse folgenden Monotonie, (2) die Einwirkung äußerer Bedingungen, insbesondere der Lohntüte und des Lohnsystems, (3) der Einfluß der subjektiven „Zufriedenheit" der Arbeiter. Erst in jüngerer Zeit mehren sich Untersuchungen, die die Motivation von Arbeitern, ihre „Ar-

12) D. C. Miller und W. H. Form: a.a.O.; S. 58.

13) A.a.O.; Kap. II.

14) The Social Psychology of Industry (Penguin Books 1954); S. 186.

beitszufriedenheit", ihre Wertskalen und ihr „Gesellschaftsbild" unmittelbar zum Gegenstand haben. Heute liegt uns zu dieser Frage ein breites Material vor, so daß die Arbeiterschaft sich keineswegs mehr als „unbekannte Schicht" beschreiben läßt. (Das gilt vielmehr eher für die Unternehmer und Manager, über deren Einstellungen wir bislang so gut wie nichts wissen.) Untersuchungen über den Zusammenhang zwischen repetitiven Arbeitsprozessen und dem subjektiven Erlebnis der Monotonie[15]) haben früh schon gezeigt, daß die Behauptung eines solchen Zusammenhanges oft nur dokumentiert, daß die „Soziologen ... denken, diese oder jene Arbeit müsse tödlich und seelenzerstörend sein, was aber nur heißt, daß sie so empfinden würden, wenn sie diese Arbeit tun müßten"[16]). Insbesondere ergaben sich die folgenden bemerkenswerten Tatsachen: (1) Maschinenarbeit wird oft von Arbeitern als durchaus befriedigend empfunden, selbst wenn sie ständige Wiederholung derselben Handgriffe verlangt. „Maschinen sind oft höchst interessant, und viele mögen gerne mit ihnen umgehen"[17]). (2) Wo die Maschine kein besonderes Interesse erregt oder bei anderen repetitiven Arbeiten wird oft die „Traktion", das „Gefühl, von der einer bestimmten Tätigkeit innewohnenden Trägheit mitgezogen zu werden" — typisch: die Arbeit am Fließband — als „angenehm" empfunden, „weil sie mit einem Gefühl reduzierter Anstrengung verbunden wird"[18]). (3) Wenn die Arbeit weder immanent noch durch sie begleitende „Traktion" befriedigt, finden viele Arbeiter Befriedigung in der unmittelbaren gesellschaftlichen „Umsphäre" *(G. Briefs)* des Arbeitsprozesses, etwa in Kooperation oder informellen Gruppenbindungen. (4) Beschwerden über Monotonie weisen häufig auf ganz andere Störungen im psychischen oder sozialen Leben der beschwerdeführenden Arbeiter hin.

---

[15]) Vgl. dazu vor allem das Kapitel „What is Monotony?" in Elton Mayos erstem Buch, „The Human Problems of an Industrial Civilization" (2. Aufl. Boston 1946) sowie die Neuinterpretation derselben Daten in Kap. III von „The Social Problems of Industrial Civilization" (a.a.O.).

[16]) Als in der Industrie oft gehörte Kritik berichtet von F. Zweig: The British Worker (Penguin Books 1952); S. 111.

[17]) F. Zweig: a.a.O.; S 111.

[18]) W. Baldamus: Incentives and Work Analysis (Birmingham 1951); S. 42.

Das vielfach bestätigte Ergebnis des Hawthorne-Experiments, daß Veränderungen in den materiellen Arbeitsbedingungen, insbesondere auch in den Lohnformen, Arbeitswillen und Arbeitsleistung nicht entscheidend und jedenfalls nicht allein beeinflussen, hat ebenfalls einige für das Problem der Anpassung an die Industriearbeit wichtige Aspekte ergeben, insofern es zeigt, daß der Arbeiter seine Arbeit keineswegs als einseitig zweckgebunden empfindet. Neben dem Lohn sind eine Reihe von anderen Faktoren als die Motivation des Arbeiters bestimmend wiederholt gefunden worden: (1) Psychische Konstitution und besondere persönliche Situation haben unzweifelhaft einen Einfluß auf die Einstellung zur Arbeit. (2) Die Bindung an informelle Gruppen kann Arbeiter bewegen, einen schlechterbezahlten Arbeitsplatz einem besserbezahlten vorzuziehen. (3) Das gleiche gilt, wo Prestige oder Status gegen höheren Lohn stehen. (4) Der Wunsch nach Sicherheit ist ebenfalls oft eine stärker bewegende Kraft als der Lohn. Generell gilt sicher, daß „die Wirkungskraft materieller und nichtmaterieller Motive zur Leistungssteigerung nach Berufsart, Arbeitsgang, Geschlecht, Alter, Ausbildung und sozialer Herkunft sehr beträchtliche Unterschiede aufweist"[19]). Doch schließt diese Vielfalt den Versuch nicht aus, gewisse typische Motivstrukturen herauszuarbeiten. So unterscheidet *Fürstenberg* einleuchtend neben den oft unrechtmäßig generalisierten „zweckrationalen" Motivstrukturen solche „wertrationalen" (durch für absolut gehaltene Werte bestimmten), „traditionellen" (bloß gewohnheitsmäßigen) und „emotionalen" (auf „gefühlsmäßigen Einstellungen" beruhenden) Charakters[20]. In Verbindung mit Erhebungen vermag eine Typologie dieser Art sinnvollere Hinweise zur Wirksamkeit von Leistunganreizen zu geben als bloße Vermutungen.

Eines der auffälligsten Resultate betrieblicher Sozialforschung liegt darin, daß die überwältigende Mehrzahl aller

---

19) W. Baldamus: Lohnsystem und Leistungssteigerung; in: Arbeitsblatt, Jg. 1/8 (August 1949); S. 296.

20) Vgl. F. Fürstenberg: Die soziale Funktion der Leistungsanreize (Incentives) im Industriebetrieb; in Kölner Zeitschrift für Soziologie VII/4 (1955).

Arbeiter — in allen Ländern, allen Qualifikationsgraden, allen Industrien — auf Befragen angibt, mit der eigenen Arbeit „zufrieden" zu sein, „keine andere Arbeit lieber tun" zu wollen. So berichtet *J. A. C. Brown* von der Befragung einer repräsentativen Stichprobe von 3000 Arbeitern in England: „85 % [der Befragten] sagten daß sie ihre Arbeit mögen und nur 13 bis 14 %, daß sie diese nicht mögen und sie sie langweilt"[21]). Ähnliche Untersuchungen in Deutschland, wie sie etwa das Frankfurter Institut für Sozialforschung und das Wirtschaftswissenschaftliche Institut der Gewerkschaften durchgeführt haben, ergaben übereinstimmend, daß über zwei Drittel der befragten Arbeiter an ihrer Arbeit und ihrem Arbeitsplatz nichts Wesentliches auszusetzen hatten, sich also mit ihrer Arbeit zufrieden erklärten[22]).

An diesen Resultaten ähnliche Erfahrungen knüpft vor allem *G. Friedmann* einige kritische Überlegungen. Zeigen „Zufriedenheit" mit und „Gewöhnung" an unangenehme Arbeitssituationen mehr als eine oberflächliche Anpassung, die tieferliegende Störungen des Gleichgewichts nur verbirgt? Trotz der von Arbeitern oft geäußerten „Zufriedenheit", so glaubt *Friedmann*, „bleibt die Tatsache bestehen, daß viele zu unterteilten und ständig wiederholten Aufgaben gezwungene Arbeiter andere, verantwortlichere und ‚intellektuellere' Aufgaben vorziehen und sich aus der ‚Sturheit', in die sie sich zurückgezogen haben, herausreißen würden, wenn sie dazu durch eine vollkommenere wirtschaftliche, soziale und menschliche Eingliederung in einen Betrieb veranlaßt würden, in dem sie sich als gleichberechtigte und mitverantwortliche Glieder fühlen"[23]). Hinter der vorgeblichen „Zufriedenheit" steckt also nach *Friedmanns* Meinung eine doppelte Entfremdung: nicht nur die der Situation, sondern auch die des Bewußtseins der Arbeiter, die das Unwürdige ihrer Situation nicht einmal mehr sehen. Diese

---

21) J. A. C. Brown: a.a.O.; S. 191.

22) Vgl. Institut für Sozialforschung: Betriebsklima; Th. Pirker und Mitarbeiter: Arbeiter, Management, Mitbestimmung.

23) A.a.O.; S. 293.

Interpretation ist offenkundig spekulativ und schwer belegbar.

Auch *H. Schelsky* betont die Tatsache, „daß sich ... der moderne Industriearbeiter heute ... ein verhältnismäßig wenig belastendes Verhältnis zur Maschine und zur maschinellen Produktionsweise erworben hat“[24]). Doch meint *Schelsky* im Gegensatz zu *Friedmann*, daß diese Tatsache auf echte Wandlungen hinweist. Auf der einen Seite sind Anzeichen für eine echte Anpassung des Arbeiters durch Eroberung der Maschinenwelt, d. h. ihre Durchdringung mit menschlichen Interessen, Motiven und Befriedigungen, erkennbar. Auf der anderen Seite bedeutet das „verhältnismäßig wenig belastende Verhältnis“ des Arbeiters zu seiner Arbeit oft auch, daß das eigentliche Problem der Anpassung umgangen und nach Befriedigung und Erfüllung vorwiegend außerhalb der Arbeit und der Industrie gesucht werden kann. Der Beruf ist zum „Job“, zum verhältnismäßig gleichgültigen Instrument geworden, um die Grundlage für den Konsum zu schaffen. Nur in der außerberuflichen Sphäre des Konsums kommt daher den Zufriedenheiten oder Unzufriedenheiten von Menschen überhaupt Bedeutung zu.

Gewiß haben beide Interpretationen einiges für sich; doch ist ihnen gegenüber auf einen dritten Tatbestand hinzuweisen, der für die Einstellung von Menschen zu ihrer Arbeit wichtig scheint. Noch heute — und wahrscheinlich noch lange Zeit — nimmt der Beruf im wachen Leben der meisten Menschen einen zumindest quantitativ wichtigen Platz ein. Niemand kann jedoch viele Stunden jedes Tages mit Dingen zubringen, die er abwertet, ohne seine Selbstachtung zu verlieren. Ein Mindestmaß an „Zufriedenheit“ mit dem, was man tut, ist Bedingung der Möglichkeit dafür, es überhaupt zu tun. Insofern stellt auch der zum „Job“ gewordene Beruf noch eine Quelle menschlichen Selbstgefühls dar.

---

24) H. Schelsky: Industrie- und Betriebssoziologie; in: A. Gehlen und H. Schelsky: Soziologie (Düsseldorf-Köln 1954), S. 177.

VII. Industrie und Gesellschaft

Die soziologische Analyse der Industrie und des Industriebetriebes führt an vielen Punkten über den im engeren Sinn industriellen Bereich hinaus. So nötig die Abgrenzung des Industriebetriebes von seiner Umwelt für diese Analyse ist, so irreführend kann die Vorstellung von der Fabrik als „sozialem System" sein. Industrie und Industriebetrieb sind nicht in sich geschlossene, autarke Gebilde, sondern sie sind allerorten offen zu der Gesellschaft hin, in der sie bestehen. In dieser wiederum stellen sie nicht nur „Bestandteile" dar, die bloß „vorhanden" sind und gewisse „Auswirkungen" haben, sondern sie sind eingebunden in die Struktur der Gesellschaft, prägen deren Züge, wie sie umgekehrt von dieser getragen werden. Die aus diesen Tatbeständen abgeleitete Forderung nach einer stärkeren Rücksichtnahme der Industrie- und Betriebssoziologie auf die Wechselbeziehungen von Industrie und Gesellschaft gilt es nun im einzelnen zu erfüllen.

Die Untersuchung des Verhältnisses von Industrie und Gesellschaft wird häufig unterteilt in die Frage der Einwirkungen der Gesellschaft auf die Industrie und die andere der Ausstrahlungen der Industrie in die Gesellschaft. Eine solche Unterteilung bringt jedoch die Gefahr mit sich, daß dem eigentlichen Charakter des Verhältnisses von Industrie und Gesellschaft, dem oft untrennbaren Ineinander von Abhängigkeiten und Einwirkungen, nicht genügend Rechnung getragen wird. An Stelle dieser Unterscheidung scheint es geraten, die Wechselwirkung des einzelnen Industriebetriebes und der ihn umgebenden Gemeinde einerseits, der Industrie im weiteren Sinne und der Gesellschaft andererseits, obwohl auch diese verknüpft sind, getrennt zu behandeln.

Zwischen Einzelbetrieb und Gesellschaft besteht zunächst eine Reihe formalisierter Beziehungen über eigens zu diesem Zweck geschaffene Institutionen oder Maßnahmen. *H. Schelsky* hat hier die vor allem in den USA entwickelte Praxis der „Public Relations", der Unterrichtung der interessierten Öffentlichkeit über das betriebliche Geschehen und Pflege guter Beziehungen zu außerbetrieblichen Institutionen und Organisationen, betont[1]). Auch die politische

[1]) Industrie- und Betriebssoziologie; in: A. Gehlen und H. Schelsky: Soziologie (Düsseldorf-Köln 1955); S. 192 ff.

Einflußnahme der Unternehmer ist hier zu erwähnen. Entsprechende formelle Einwirkungen von außen auf den Industriebetrieb liegen in aller den Industriebetrieb betreffenden Gesetzgebung, in der Einrichtung von Fabrikinspektoraten usw.

Die Verknüpfung von Industriebetrieb und sozialer Umwelt äußert sich jedoch weniger in solchen institutionalisierten Beziehungen als in ihren sozialen Unterströmungen, ihrer tatsächlichen Grundlage. Industriebetriebe sind zwar gewöhnlich durch Mauern oder Zäune von ihrer Umgebung räumlich getrennt, doch lassen sie durch ihre Tore alltäglich eine Vielzahl von Menschen ein und aus. Durch seine Belegschaft, oft auch durch wirtschaftliche (Steuern usw.) und soziale (Bau von Arbeitersiedlungen usw.) Bande sind der Industriebetrieb und die ihn umgebende Gemeinde verknüpft. Insbesondere die alten Industrien des Bergbaus und Textilgewerbes und die Großbetriebe der modernen Massenproduktion formen, schon wegen der Zahl der von ihnen beschäftigten Menschen, das Bild der sie umgebenden Gemeinden (communities), seien diese kleinere, abgeschlossene Städte oder Bezirke größerer Städte. *P. F. Drucker*[2]) hat die um einen modernen Großbetrieb zentrierte Gemeinde als Zukunftsbild gezeichnet. *W. L. Warners* und *R.* und *H. Lynds* Studien in amerikanischen Kleinstädten („Yankee City“, „Middletown“) zeigen im einzelnen die formellen und informellen Wechselbeziehungen auch zwischen mittlerem Industriebetrieb und Gemeinde[3]). Die „unterschwelligen“ Auswirkungen der Industrie auf dörfliche und städtische Sozialzusammenhänge werden in den Untersuchungen von *G. Wurzbacher* und *R. Mayntz* eindringlich deutlich[4]). Nicht nur die Abhängigkeit des wirtschaftlichen Schicksals der Gemeinde vom Industriebetrieb, sondern auch

---

2) The Concept of the Corporation (New York 1946).

3) Vgl. vor allem den 4. Band der „Yankee City Series“ von W. L. Warner und J. O. Low: The Social System of the Modern Factory (New Haven 1947); sowie R. und H. Lynd: Middletown (New York 1929) und Middletown in Transition (New York 1937).

4) G. Wurzbacher: Das Dorf im Spannungsfeld der industriellen Entwicklung (Stuttgart 1956); R. Mayntz: Soziale Schichtung und sozialer Wandel in einer Industriegemeinde (Stuttgart 1959).

die ihrer Prestige-Schichtung von der des Betriebes, der Einfluß der landsmannschaftlichen und konfessionellen Zugehörigkeit der Gemeinde auf das Arbeitsklima des Betriebes, die Rolle des Industriebetriebes als Ort der Begegnung von Menschen, seine Auswirkungen auf die Ökologie der Gemeinde und viele andere Phänomene bestätigen die Intimität der Wechselbeziehung zwischen dem Betrieb und seiner engeren sozialen Umwelt.

Doch ist die einzelne Gemeinde selbst nur Teil der weiteren Einheit der Gesellschaft, wie der einzelne Betrieb Glied der gesamten industriellen Arbeitswelt, eben des hier mit „Industrie" bezeichneten Ausschnitts der Gesellschaft ist. Gewiß haben sozialer Status und Klassenzugehörigkeit, soziale Verhaltensweisen und Einstellungen ihren Ursprung sowohl wie auch die größte Realität innerhalb begrenzter Strukturen. Soziale Schichtung bedeutet dem Einzelnen mehr im Verhältnis zu seinem Nachbarn, Interessenkonflikte mehr in dem zum ihm bekannten Unternehmer als innerhalb der weniger realen Gesamtgesellschaft. Doch vollzieht sich die Umwandlung der in vielen kleinen Sozialgebilden gelebten Einzelerfahrungen in beherrschende Verhaltensmuster und soziale Kontrollen innerhalb der größeren Einheit Gesellschaft. So ist die allgemeine Rede von „Industrie" und „Gesellschaft" nur scheinbar abstrakt: alle für ganze Gesellschaften gültigen Wechselbeziehungen mit der Industrie haben ihren realen Grund wie vor allem ihre reale Bedeutung im einzelnen Betrieb, in der einzelnen Gemeinde.

Der soziologische Ansatz zur Beschreibung der Struktur von Gesellschaften liegt in der Annahme, daß jede soziale Struktur als Institutionalisierung eines mehr oder minder kohärenten Systems von Wertsetzungen angesehen werden kann. Die (oft durch Ideologien beeinflußte) vorherrschende Bewertung von Verhaltensweisen und Tätigkeiten bestimmt Platz (Status) und Verhaltenserwartungen aller einzelnen sozialen Rollen. Dieses Wertsystem entspricht dem „Sozialethos" der älteren deutschen Soziologie, wenn dieses „nicht spiritualistisch, als freischwebende geistige Potenz verstanden [wird], sondern als Wertintention und Wertrangordnung, in der eine Anzahl von kontingenten Faktoren, darunter auch solche des realen wirtschaftlichen und gesellschaftlichen Lebens, schon eingeschmolzen sind" (*G. Briefs*[5]). Das spezifische Wertsystem oder Sozialethos der industriellen Gesellschaft in diesem Sinne bezeichnet den Punkt, an dem Verknüpfung und Wechselwirkung von Industrie und Gesellschaft ihren Ursprung haben.

Seit *Max Weber* (1904/5) seine Untersuchung über „die protestantische Ethik und den Geist des Kapitalismus" veröffentlichte, ist die Diskussion um den Zusammenhang zwischen dem Wertsystem des Kapitalismus, d. h. des frühen Industrialismus, und den weltlichen Konsequenzen des calvinistischen Protestantismus nicht abgerissen. Eines zumindest hat diese Diskussion mit großer Klarheit ergeben: daß es einen „Geist des Kapitalismus", ein dem Industrialismus angemessenes, teils diesen erst ermöglichendes, teils aus diesem hervorgehendes Sozialethos gibt. Die Grundzüge dieses Wertsystems sind von *W. Sombart* und *M. Weber* bis zu *W. E. Moore* und *T. Parsons*[6]) in zwar unterschiedlichen Begriffen, aber doch ähnlichem Sinne beschrieben worden. Gesellschaften, in denen industrielle Produktion die vorherrschende Wirtschaftsweise darstellt, verlangen auf Grund der Erfordernisse und Strukturprinzipien dieser Produktionsweise ein Ethos des „ökonomischen Rationalismus" *(W. Sombart)*, dem die bewußte Anpassung der vorhandenen (und sich wandelnden) Mittel an den erstrebten Zweck des „wirtschaftlichen Erfolges" wichtiger ist als die Erhaltung „traditionalistischer" Formen *(M. Weber)*. Die „Ideologie der offenen Klassen" mit ihrer Vorstellung grundsätzlich gleicher Chancen für alle *(W. E. Moore)* tritt an die Stelle einer Kasten- oder Standesideologie. Solche Gesellschaften sind daher nicht vom „Prinzip der Geburt", son-

---

5) Betriebssoziologie; in: A. Vierkandt: Handwörterbuch der Soziologie (Stuttgart 1931); S. 34/35.

6) Siehe etwa W. Sombart: Der moderne Kapitalismus (4. Aufl. München-Leipzig 1921); Bd. II.1 S. 23—64; M. Weber: Die protestantische Ethik und der Geist des Kapitalismus (Gesammelte Aufsätze zur Religionssoziologie, Bd. I, Tübingen 1922), S. 30—62; W. E. Moore: Industrial Relations and the Social Order (New York 1946), Kap. XXII und XXIII; T. Parsons: The Social System (Glencoe 1951), Kap. V.

dern vom „Leistungsprinzip“ beherrscht und ersetzen die hohe Einschätzung unmittelbar persönlicher durch die „universalistischer“, d. h. versachlichter, durch allgemeine Normen geregelter Beziehungen *(T. Parsons)*.

Historisch stellen diese Wertvorstellungen zum Teil Vorbedingungen der industriellen Entwicklung und insofern Einwirkungen der Gesellschaft auf die Industrie, zum Teil Konsequenzen dieser Entwicklung und insofern Ausstrahlungen der Industrie auf die Gesellschaft dar. In allen industriellen Gesellschaften vereinigen sich die funktionalen Bedingungen industrieller Produktion mit den diesen adäquaten Ideologien der Gesellschaft zur Bildung eines spezifischen Wertsystems. So erwachsen aus der Verbindung der in Buchführung und Produktionsplanung dokumentierten Rationalität, des den „freien“ Arbeitsvertrag ermöglichenden Universalismus, des von der Notwendigkeit sozialer Umschichtungen verlangten Leistungsprinzips und anderer industriespezifischer Gegebenheiten mit aufklärerisch-rationalistischen oder calvinistisch-asketischen Auffassungen die Wertvorstellungen, die der Struktur industrieller Gesellschaften ihr Gesicht geben.

Diese wenigen Bemerkungen mögen genügen als Hinweis auf die allgemeinsten Zusammenhänge von Industrie und Gesellschaft. Es bleibt, einige von der (ideal-typisch bis zur Identität reichenden) Wechselbeziehung zwischen dem industriellen und dem gesellschaftlichen Wertsystem ableitbare Schwerpunkte der Sozialstruktur industrieller Gesellschaften zu bezeichnen, an denen spezifisch industrielles und allgemein gesellschaftliches Sozialverhalten ineinandergreifen und wechselseitig aufeinander einwirken. Drei solcher Schwerpunkte verdienen besondere Beachtung: (1) die zentrale Stellung der Berufsrolle im sozialen Leben in der industriellen Gesellschaft, (2) die Beziehung zwischen der industriellen und der gesellschaftlichen Status-Hierarchie, (3) die Beziehung zwischen der Klassen- und Machtstruktur in Industrie und Gesellschaft.

Eine Reihe von sozialen Funktionen, die in der „partikularistischen“ vorindustriellen Gesellschaft noch gekoppelt oder doch in enger räumlicher Verbindung auftraten, sind durch die Industrie getrennt worden. Dies gilt vor allem für die sozialen Rollen, die aus Herkunft, Familienbeziehung und Beruf hervorgehen. Für den Handwerker, der den Betrieb seines Vaters übernimmt und seine Arbeit in dem Hause, in dem er mit seiner Familie wohnt, oft unter Beteiligung seiner Frau und Kinder ausübt, sind die Rollen des Sohnes eines Handwerkers, des Vaters einer Familie und des Handwerksmeisters mit allen aus diesen hervorgehenden Verpflichtungen und Rechten noch relativ ungeschieden. Der Industriearbeiter dagegen übt seinen Beruf schon räumlich an einer von seinem Wohnort getrennten Stelle, zumeist ohne sachliche Beziehung zu den Interessenten und Möglichkeiten der Anteilnahme seiner Familie und bis zu einem gewissen Grade unabhängig von seiner Herkunft aus. Die drei Rollen des Sohnes etwa eines Bauern, des Vaters einer Familie und des Arbeiters in einer Fabrik sind drei getrennte Sphären seiner sozialen Existenz. Die zuvor unwesentliche Frage der Priorität einer Rolle, der Rangordnung von Rollen, tritt auf und wird auf Grund faktischer Bedingungen durch gesellschaftliche Wertsetzung so entschieden, daß die Berufsrolle den Vorrang vor Familien- und Herkunftsrolle genießt[7]).

Die Trennung der verschiedenen Sozialsphären hat zunächst zur Folge, daß die Familie sowohl im engeren Sinne der Intimitätssphäre als auch im weiteren des Herkunftsortes an Bedeutung verliert. Die Berufsrolle, Leistung und Erfolg im Beruf, bestimmen nach wirtschaftlichem Lebensstandard wie nach Prestige und Status das soziale Schicksal der Familie. Dabei hat die berufliche Ausgangsposition nur mehr eine ständig sich verringernde mittelbare Abhängigkeit von der Herkunft, insofern diese nämlich den Grad vorberuflicher Ausbildung beeinflußt. Die so unterstrichene zentrale Stellung der Berufsrolle mit der an sie geknüpften Leistungserwartung findet ihren Ausdruck in einer großen

---

[7]) N. Smelser hat jetzt in seinem Buch „Social Change in the Industrial Revolution" (London 1959) eindrucksvoll gezeigt, wie allmählich dieser Prozeß der Rollendifferenzierung tatsächlich war, wie tief er andererseits auch in England schon in das Leben der Betroffenen eingriff.

Zahl von sozialen und personalen Phänomenen der Industriegesellschaft: Die Funktion des sozialen Auf- und Abstieges als Strukturprinzip, der (wennschon eingeschränkte) „Lebensraum"-Charakter des Industriebetriebes, die Bedeutung von Qualifikationen, Diplomen und Titeln, die Stellung der nicht berufstätigen Frau und anderes mehr ist von hier her verständlich und erklärbar.

Der klarste Ausdruck für die Bedeutung der Berufsrolle in industriellen Gesellschaften liegt in ihrer Bestimmungskraft für den Status ihres Trägers. „Der Beruf ist", das haben auch empirische Studien immer wieder bestätigt, „vielleicht der wichtigste der Status-Struktur in Gemeinde und Industrie zugrundeliegende Faktor" (*D. C. Miller* und *W. H. Form*[8]). Wo einer in der Gesellschaft „steht", welches Prestige er genießt, wer sich mit ihm und mit wem er sich assoziiert, zu wem er oder wer zu ihm hinauf- oder hinabblickt, ist vorwiegend durch seinen Beruf bestimmt. Auf Grund ihres Berufes werden Menschen eingeordnet. Gewiß spielen in der engeren Sozialsphäre des Einzelnen auch persönliche Qualitäten eine Rolle für die Wertschätzung, die er genießt. Vornehmlich jedoch ist es der mit einem System von Titeln und Symbolen ausgestattete Beruf, der den Platz des Einzelnen in der gesellschaftlichen Hierarchie bestimmt.

Am Beispiel der Status-Hierarchie läßt sich die Wechselbeziehung von Industrie und Gesellschaft besonders deutlich machen. Auf der einen Seite wirkt die industrielle Status-Organisation in die Gesellschaft hinein. *W. L. Warner* hat gezeigt[9]), wie rein technologische begründete Veränderungen des Status von Arbeitern in der umgebenden Gesellschaft parallele Veränderungen hervorrufen. Entwicklung und Position des „neuen Mittelstandes" im Industriebetrieb haben ähnliche Wirkung gehabt. Auf der anderen Seite behalten gesellschaftlich hochgeschätzte Berufsrollen wie die des Wissenschaftlers auch im Industriebetrieb ihren Status

8) Industrial Sociology (New York 1951); S. 367.

9) A.a.O.; Kap. IX.

bei, selbst wenn sie dort formell Berufen von niedrigerem Status untergeordnet sind.

Schließlich besteht ein enges Verhältnis zwischen der Macht- und Klassenstruktur der industriellen Arbeitswelt und ihrer sozialen Umsphäre. Selbst wenn man die grobe Vereinfachung der *Marx*schen These vom Staat als dem Herrschaftsinstrument der „Kapitalisten" ablehnt, bleibt unleugbar, daß die Kontrolle wirtschaftlicher Produktionsmittel oder, in noch umfassenderer Definition der Macht, die Bestimmungsgewalt über die „Lebenschance" *(M. Weber)* anderer im Bereich der Industrie auch über diesen Bereich hinaus politischen Einfluß schafft. Dabei ist es grundsätzlich gleichgültig, ob diese Bestimmungsgewalt durch Eigentum, wie im Falle der Kapitalisten, durch Delegation der Eigentumsrechte, wie im Falle der Manager, oder durch demokratische Wahl, wie im Falle der „neuen Männer der Macht" *(C. W. Mills)*, der Gewerkschaftsführer, legitimiert wird.

Der aus der Machtverteilung hervorgehende Interessenkonflikt innerhalb der Industrie bleibt ebensowenig auf deren Grenzen beschränkt wie die Auswirkungen der Machtverteilung selbst. Die überbetrieblichen Zusammenschlüsse der großen Interessengruppen sind an sich schon politische Verbände. Aus ihrer Absicht, der Beibehaltung oder Veränderung der bestehenden Machtverteilung, ergibt sich zudem, daß diese Verbände sich entweder auch als politische Parteien konstituieren oder doch Anschluß suchen an diese. Wie das Sozialethos und die Grundstrukturen der industriellen Gesellschaft kommt auch der Anstoß zu deren Entwicklung und Veränderung aus der Industrie.

Die Eingebundenheit der Industrie in die sie umgebende Gesellschaft läßt sich noch an vielen weiteren Phänomenen aufzeigen. Durch die Industrie, zumal die Großindustrie, wird die Konzentration großer Zahlen von Menschen an einem Ort erforderlich. Die Entwicklung der Städte erfährt damit starken Auftrieb. Zugleich mit den Städten wachsen dann die Erscheinungen der Massengesellschaft. *E. Mayo* hat hier den Zusammenhang zwischen der Ökologie der

Industriebetriebe und der Kriminalität betont[10]). Die Mechanisierung und Technisierung, zunächst nur ein Erfordernis industrieller Produktion, erfaßt viele Lebensbereiche. Die Massenproduktion von Konsumgütern schafft und befriedigt neue Verbrauchsgewohnheiten, deren „Massen"-charakter das Bild der Gesellschaft bestimmt. In vielen Bereichen ihres Soziallebens macht nur der Bezug auf die Formen und Folgen der industriellen Arbeitswelt die Struktur und Kultur der Industriegesellschaft verständlich.

Den vorangehenden Bemerkungen liegt weitgehend ein idealtypisches Modell der Industrie und der Industriegesellschaft zugrunde, in dem Wertintentionen und tatsächliche Strukturen als „systemkongruent" gefordert sind. Blickt man auf einzelne Gesellschaften, auf Deutschland, England, Frankreich und die Vereinigten Staaten, so fallen zunächst weniger die Gemeinsamkeiten als die Unterschiede ins Auge. Solche Unterschiede beruhen, wie dann oft gesagt wird, auf unterschiedlichen Traditionen, einer unterschiedlichen Geschichte, dem unterschiedlichen Einfluß religiöser oder politischer Ideologien. Ihr Ursprung liegt in den verschiedenen Graden und Formen der Integration des industriegesellschaftlichen Wertsystems mit früheren oder aus anderen Quellen sich speisenden kulturellen Zügen. Jede dieser Gesellschaften hat ihr spezifisches „Sozialethos", das seinerseits nicht nur die sozialen, sondern auch die industriellen Strukturen prägt.

Das Überleben „traditionalistischer" Wertsetzungen etwa bedingt besondere Formen betrieblicher Autorität. Wo, wie in Deutschland vor 1933, die persönlichere Arbeitsbeziehung des Handwerkers zu seinen Gesellen und Lehrlingen noch eine besondere Wertschätzung genießt, wird der Rest einer „patriarchalischen Haltung" mit ihrem „nach Analogie der Großfamilie konstituierten Verpflichtungsgefühl des Betriebsleiters gegenüber den Betriebszugehörigen" (*G. Briefs*[11]) in den Industriebetrieb hinübergerettet und prägt dessen Sozialcharakter. Allgemein ist der gegenüber den USA stär-

10) A.a.O.; S. 45.
11) A.a.O.; S. 45.

kere Einfluß traditionalistischer Werte auf die europäische Industrie hervorgehoben worden.

Ähnlich unvollkommene Integration industrie-adäquater Werte mit ihren Folgen für die Sozialstruktur der Industrie findet sich dort, wo die Forderung der gleichen Leistungschance verwurzelten Kastenprivilegien entgegensteht, also etwa die Zugehörigkeit zu bestimmten Rassen oder Nationen als Privileg empfunden wird. Innerhalb der Industrie entsteht dann eine Kastenschichtung, die etwa Neger oder Einwanderer von jedem Aufstieg über Hilfsarbeiter-Funktionen hinaus ausschließt. —

Die Forderung an die Industrie- und Betriebssoziologie, sich der Verknüpfung ihres Gegenstandes mit den Strukturen und Funktionen der Gesamtgesellschaft stets bewußt zu bleiben, birgt auch ihre Gefahren. Der Sache nach ist die Trennung dieser speziellen Soziologie von der allgemeinen Soziologie in den Fragen des Verhältnisses von Industrie und Gesellschaft nicht mehr möglich. Auf der einen Seite können die Ergebnisse industriesoziologischer Forschung zum Ausgangspunkt allgemein soziologischer Analysen werden und müssen daher stets im Hinblick auf diese Möglichkeit formuliert sein. Auf der anderen Seite ist die Analyse gesamtgesellschaftlicher Strukturen in ihrem Bezug auf die Industrie nicht mehr nur Aufgabe der Industrie- und Betriebs-, sondern auch und vor allem der allgemeinen Soziologie. Die Bedeutung dieser Analyse für die Bewältigung des eigenen Gegenstandes der Industrie- und Betriebssoziologie liegt eher darin, daß ihre Resultate den allgemeinen Horizont abgeben, vor dem die innerindustriellen Prozesse sich abspielen.

In der industriellen Gesellschaft sind Industrie und Industriebetrieb nicht nur eine neben anderen Institutionen. Wirtschaftlich, sozial und kulturell bilden sie den strukturellen Brennpunkt dieser Gesellschaft. Das plötzliche Aufhören der industriellen Produktion würde die wirtschaftlichen Folgen ihrer Störung durch Krisen oder Streiks vervielfachen. Es würde aber vor allem der sozialen Struktur ihre Grundlage nehmen. Prestige-Schichtung und Klassenstruktur, Verhaltensmuster und Einstellungen, das gesamte System von Wertintentionen und Wertrangordnungen industrieller Gesellschaften sind in hohem Maße von der Industrie, vom einzelnen Industriebetrieb her geprägt. Es dürfte schwer sein, in industriellen Gesellschaften ein Sozialphänomen zu finden, das unverändert bestehen könnte, und unmöglich, einen Menschen aufzutun, dessen Verhaltens- und Einstellungsweisen sich gleich bleiben würden, auch wenn es keine industrielle Produktion gäbe. Wie die Berufsrolle im Zentrum des sozialen Lebens des Einzelnen, so steht die Industrie heute im Zentrum der Gesellschaft und die Industrie- und Betriebssoziologie im Zentrum der Soziologie.

Literaturhinweise

Die folgende Auswahl einiger wichtiger Werke der Industrie- und Betriebssoziologie ist unter dem Gesichtspunkt zusammengestellt, auf eine überschaubare Mindestzahl von Veröffentlichungen zu den verschiedenen Themen dieser Disziplin hinzuweisen. Vollständigkeit ist daher nicht erstrebt; auch sind nicht alle im Text erwähnten Literaturangaben wiederholt.

Bei der Auswahl ist Wert gelegt worden vor allem auf die Aufnahme von Veröffentlichungen der letzten Jahre, so daß zumal in Abschnitt B. nur wenige Autoren mit je einem repräsentativen Werk erwähnt sind. Deutsche oder ins Deutsche übertragene Werke sind zwar bevorzugt worden, doch war die Aufnahme zahlreicher englischer und amerikanischer Veröffentlichungen bei der Lage der Forschung unumgänglich. Zeitschriftenaufsätze sind nur in Ausnahmefällen aufgeführt.

Die Anordnung der Bibliographie ist in den Abschnitten A. und B. chronologisch (nach dem Jahr des ersten Erscheinens, bei späteren Neuauflagen in Klammern hinzugefügt), in allen anderen Abschnitten alphabetisch. Die Unterteilung in Abschnitte ist locker zu verstehen; in einem Abschnitt (vor allem in A. und B.) erwähnte Werke enthalten oft auch Beiträge zu Themen anderer Abschnitte.

Für weitere bibliographische Angaben vgl. vor allem die unten aufgeführten Werke von H. Schelsky: Industrie- und Betriebssoziologie; W. E. Moore: Industrial Relations and the Social Order; W. E. Moore: Industrialization and Labor; D. C. Miller und W. H. Form: Industrial Sociology.

A. Einführungen, Textbücher, Handbuchartikel usw.

Briefs, G.: Betriebssoziologie. In: A. Vierkandt (Hg.): Handwörterbuch der Soziologie. Stuttgart (1931) ²1959.

Moore, W. E.: The Sociology of Economic Organization. In: G. Gurvitch und W. E. Moore (Hg.), Twentieth Century Sociology. New York 1945. (Gleichzeitig französisch: La Sociologie du XXe Siècle. Paris 1945.)

Moore, W. E.: Industrial Relations and the Social Order. New York 1946.

Whyte, W. F. (Hg.):Industry and Society. New York-London 1946.

Moore, W. E.: Industrial Sociology — Status and Prospects. In American Sociological Review, August 1948.

American Journal of Sociology, Sonderheft: Industrial Sociology, Januar 1949.

Gardner, B. B. und Moore, D. G.: Human Relations in Industry. Homewood 1950. (D.: Praktische Menschenführung im Betrieb, Köln-Opladen 1957).

Miller, D. C. und Form, W. H.: Industrial Sociology. New York 1951. (D.: Unternehmung, Betrieb und Umwelt. Köln-Opladen 1957).

Geck, L. H. A.: Zur Entstehungsgeschichte der Betriebssoziologie. In: K. G. Specht (Hg.), Soziologische Forschung in unserer Zeit. Köln-Opladen 1951.

Brown, J. A. C.: The Social Psychology of Industry — Human Relations in the Factory. Penguin Books, 1954. (D.: Psychologie der industriellen Leistung. Hamburg 1956).

Caplow, Th.: The Sociology of Work. Minneapolis 1954. (D.: Soziologie der Arbeit. Meisenheim 1958.)

Schelsky, H.: Aufgaben und Grenzen der Betriebssoziologie. In: H. Böhrs und H. Schelsky: Die Aufgaben der Betriebssoziologie und der Arbeitswissenschaften. Stuttgart-Düsseldorf 1954. Wiederabgedr. in H. D. Ortlieb und H. Schelsky (Hg.), Wege zum sozialen Frieden. Stuttgart-Düsseldorf 1954.
Schelsky, H.: Industrie- und Betriebssoziologie. In: A. Gehlen und H. Schelsky (Hg.): Soziologie. Düsseldorf-Köln 1955.
Geck, L. H. A.: Artikel Betrieb (Betriebssoziologie) und Industrie (Industriesoziologie). In: W. Bernsdorf und F. Bülow (Hg.): Wörterbuch der Soziologie. Stuttgart 1955.
Kölner Zeitschrift für Soziologie und Sozialpsychologie. Jg. 7 Heft 4 (Nov. 1955) mit Beiträgen von A. W. Gouldner, H. Stirn, F. Fürstenberg, G. Gäfgen, O. Rüschemeyer und S. Braun.
Schneider, E. V.: Industrial Sociology, New York 1957.
Whyte, W. F. und Miller, F. B.: Industrial Sociology; in: J. B. Gittler (Hg.): Review of Sociology, New York 1957.
Dubin, R.: The World of Work, Englewood Cliffs, 1958.
Dahrendorf, R.: Betriebliche Sozialordnung (I), Betriebssoziologie; in: Handwörterbuch der Sozialwissenschaften, Band II 1959.
Ferrarotti, F.: La Sociologia Industriale in America e in Europa, Turin 1959.
Fürstenberg, F.: Industriesoziologie — Vorläufer und Frühzeit. Neuwied 1959.
Lepsius, R. M.: Industrie und Betrieb, in: R. König (Hg.): Soziologie, Frankfurt 1959.
Vincent, M. J. und Mayers, J.: New Foundations for Industrial Sociology, Princeton 1959.
Fürstenberg, F.: Wirtschaftssoziologie, Berlin 1961.
Touraine, A.: Industrie und Betriebssoziologie, in: R. König (Hg.): Handbuch der empirischen Sozialforschung. Stuttgart 1961.

B. Frühe Industrie- und Betriebssoziologie

Ure, A.: A Philosophy of Manufactures. London 1835.
Proudhon, P.-J.: Système des Contradictions Economiques. (1846) 3. Aufl. Paris 1867.
Marx, K.: Das Kapital. (1867—94) Neuaufl. Berlin 1953.
Schulze-Gävernitz, G.: Der Großbetrieb. Leipzig 1892.
Schmoller, G.: Über die Entwicklung des Großbetriebes und die soziale Klassenbildung. In: Preußisches Jahrbuch 1892.
Herkner, H.: Die Arbeiterfrage (1895) 7. Aufl. Berlin 1921.
Webb, B. und Webb, S.: Industrial Democracy. London 1897.
Durkheim, E.: De la Division du Travail Social. 5. Aufl. Paris 1926.
Weber, M.: Zur Psychophysik der industriellen Arbeit (1908/9) und andere Aufsätze. In: Gesammelte Aufsätze zur Soziologie und Sozialpolitik. Tübingen 1924.
Bernays, M.: Auslese und Anpassung der Arbeiterschaft der geschlossenen Großindustrie. Schriften des Vereins für Sozialpolitik, 133. Band, Leipzig 1910.
Taylor, F. W.: The Principles of Scientific Management (1911) und andere Schriften. In: Scientific Management. New York-London 1947.
Weber, A.: Das Berufsschicksal des Industriearbeiters. In: Archiv für Sozialwissenschaften und Sozialpolitik, Bd. 34, 1912.
Fayol, H.: Administration Industrielle et Générale. Paris 1916. (D.: Allgemeine und industrielle Verwaltung. München-Berlin 1929.)
Sombart, W.: Der moderne Kapitalismus. 4 Bde. (1916) 4. Aufl. München-Leipzig 1921.

Cole, G. D. H.: Chaos and Order in Industry. London 1920.
Tayler, J. L.: Occupational Sociology. (1920) Southend-on-Sea 1951.
Hellpach, W. und R. Lang: Gruppenfabrikation. Berlin 1922.
Rosenstock, E.: Werkstattaussiedlung. Berlin 1922.
Winschuh, J.: Praktische Werkpolitik. Berlin 1923.
Veblen, Th.: Absentee Ownership and Business Enterprise. New York 1923.
Rowntree, B. S.: The Human Factor in Business. London 1925.
Cathcart, E. P.: The Human Factor in Industry. London 1928.

C. Sozialgeschichte der Industrie

Beckerath, H. von: Großindustrie und Gesellschaftsordnung. Tübingen-Zürich 1954.
Brinkmann, C.: Wirtschafts- und Sozialgeschichte. 2. Aufl. Göttingen 1953.
Clapham, J. H.: Economic Development of France and Germany 1815—1914. 2. Aufl. Cambridge 1923.
Clapham, J. H.: Economic History of Modern Britain. Cambridge 1930—38.
Geck, L. H. A.: Die sozialen Arbeitsverhältnisse im Wandel der Zeit. Berlin 1930.
Hammond, J. L. und Hammond, B.: The Rise of Modern Industry. 2. Aufl. London 1926.
Hammond, J. L. und Hammond, B.: The Bleak Age. 2. Aufl. London 1947.
Hoffmann, W.: Stadien und Typen der Industrialisierung. Jena 1931.
Jantke, C.: Vorindustrielle Gesellschaft und Staat. In: A. Gehlen und H. Schelsky (Hg.): Soziologie. Düsseldorf-Köln 1955.
Jantke, C.: Der vierte Stand. Freiburg 1955.
Kuo-Heng Shih: China Enters the Machine Age. Cambridge Mass. 1944.
Michel, E.: Sozialgeschichte der industriellen Arbeitswelt. Frankfurt 1947.
Moore, W. E.: Industrialization and Labor. Ithaka-New York 1951.
Rostow, W.: Stadien wirtschaftlichen Wachstums. Göttingen 1960.
Smelser, N. J.: Social Change in the Industrial Revolution, London 1959.

D. Soziologie des Industriebetriebes

a) Allgemeine Werke

Barnard, Ch. I.: The Functions of the Executive. Cambridge Mass. 1939.
Briefs, G.: Betriebsführung und Betriebsleben in der Industrie. Stuttgart 1934.
Dahrendorf, R.: Sozialstruktur des Betriebes, Wiesbaden 1959.
Diebold, J.: Automation. New York (Dt.: Die automatische Fabrik. 2. Aufl. Nürnberg 1955.)
Drucker, P.: The Concept of the Corporation. New York 1946. (Titel der englischen Ausgabe: Big Business.)
Gardner, B. B.: Human Relations in Industry. Chicago 1945.
Gasser, Ch.: Der Mensch im modernen Industriebetrieb. 2. Aufl. Köln-Opladen 1952.
Geck, L. H. A.: Soziale Betriebsführung. 2. Aufl. Essen 1953.
Gerwig, G.: Die soziologische Struktur des Industriebetriebes, Stuttgart 1960.
Jost, W.: Das Sozialleben des industriellen Betriebes, Berlin 1932.

Lepsius, R. M.: Strukturen und Wandlungen im Industriebetrieb, München 1960.
Mayer, A.: Die soziale Rationalisierung des Industriebetriebes. München 1951.
Mayntz, R.: Die soziale Organisation des Industriebetriebes. Stuttgart 1958.
Mensch und Betrieb. Nürnberger Abhandlungen zu den Wirtschafts- und Sozialwissenschaften, Heft 1, Berlin 1952.
Michel, E.: Industrielle Arbeitsordnung. Jena 1932.
Mueller, F. H.: Soziale Theorie des Betriebes. Berlin 1952.
Potthoff, H. (Hg.): Die sozialen Probleme des Betriebes. Berlin 1925.
Roethlisberger, F. J.: Management and Morale. Cambridge Mass. 1943. (D.: Betriebsführung und Arbeitsmoral. Köln-Opladen 1954.)
Schmitz, Ch.: Die Welt der modernen Fabrik. Jena 1929.

b) Monographien

Bahrdt, H. P.: Industriebürokratie. Stuttgart 1958.
Baldamus, W.: Der gerechte Lohn. Berlin 1960.
Bendix, R.: Work and Authority in Industry. New York 1956. (D.: Herrschaft und Industriearbeit) Frankfurt 1960.
Bienstock, G., Schwarz, S. M. und Yugow, A.: Management in Russian Industry and Agriculture. New York 1944.
Boumann, P. S.: Industrieel Klimaat, Assen 1961.
Claessens, R.: Arbeiter und Angestellte in der Betriebspyramide. Berlin 1960.
Clements, R. V.: Managers; A Study of their Careers in Industry. London 1958.
Cottrell, W.: The Railroader. Stanford 1958.
Crozier, M.: Petits fonctionnaires au travail. Paris 1955.
Fendt, F.: Der ungelernte Industriearbeiter. München-Leipzig 1936.
Fürstenberg, F.: Probleme der Lohnstruktur. Tübingen 1958.
Gardner, B. B. und Whyte, W. F.: The Man in the Middle, Position and Problems of the Foreman. Sondernummer der Zeitschrift Applied Anthropology, Frühjahr 1945.
Gouldner, A. W.: Patterns of Industrial Bureaucracy, London 1955.
Harbison, F. und Myers, C. A. (Hg.): Management in the Industrial World. New York 1959.
Hartmann, H.: Authority and Organization in German Management. Princetown 1959.
Helle, H. J.: Die unstetig beschäftigten Hafenarbeiter in den nordwesteuropäischen Häfen. Stuttgart 1960.
Institut für Sozialforschung: Betriebsklima. Frankfurt 1957.
Jacques, E.: The Changing Culture of a Factory, London 1952.
Jantke, C.: Bergmann und Zeche. Tübingen 1953.
König, R.: Die informellen Gruppen im Industriebetrieb, in: Organisation. Berlin-Baden-Baden 1961.
Lafitte, P.: Social Structure and Personality in the Factory. London 1958.
Neuloh, O.: Der neue Betriebsstil. Tübingen 1960.
Paul, H. und Steinmetz, P. H. (Hg.): Die Gruppe im Betrieb. Schriftenreihe für Gruppenforschung und Gruppenpflege, Heft 2, Dortmund 1952.
Pirker, Th., Braun, S., Lutz, B., Hamelrath, F.: Arbeiter, Management, Mitbestimmung. Stuttgart-Düsseldorf 1955.
Roethlisberger, F. J. und Dickson, W. J.: Management and the Worker. Cambridge Mass. 1939.
Simey, T. S. (Hg.): The Dockers. Liverpool 1955.
Stirn, H.: Die informelle Gruppe im Betriebe. Dortmund 1952.

Touraine, A.: L'évolution du travail aux usines Renault. Paris 1955.
Warner, W. L. und Low, J. O.: The Social System of the Modern Factory. New Haven 1947.
Whitehead, T. N.: The Industrial Worker. Cambridge Mass. 1938.
Whyte, W. F.: Human Relations in the Restaurant Industry. New York 1948.
Whyte, W. F.: Money and Motivation. New York 1955 (D.: Lohn und Leistung, Köln-Opladen 1958).
Winschuh, J.: Das neue Unternehmerbild. Baden-Baden 1955.
Zweig, F.: Men in the Pits. London 1948.

E. Industriearbeit und Arbeiter

Baldamus, W.: Incentives and Work Analysis. Burmingham 1951.
Bednarik, K.: Der junge Arbeiter von Heute — ein neuer Typ. Stuttgart 1953.
Borst, R. und Hellpach, W. (Hg.): Das Problem der Industriearbeit. Berlin 1925.
Diebold, J.: Die automatische Fabrik. Frankfurt 1956.
Dubreuil, H.: Le travail et la civilisation. Paris 1953.
Dunkmann, K.: Soziologie der Arbeit. In: F. Giese (Hg.): Handbuch der Arbeitswissenschaft. 1933.
Ferber, Ch.: Arbeitsfreude — Wirklichkeit und Ideologie. Stuttgart 1959.
Friedmann, G.: Problèmes Humains du Machinisme Industriel. Paris 1947. (Dt.: Der Mensch in der mechanisierten Produktion. Köln 1952.)
Friedmann, G.: Ou va le Travail Humain? Paris 1950. (Dt.: Zukunft der Arbeit. Köln 1953.)
Friedmann, G.: Le Travail en Miettes. Paris 1958. (Dt.: Grenzen der Arbeitsteilung. Frankfurt 1959.)
Geiger, Th.: Zur Soziologie der Industriearbeit und des Betriebes. In: Die Arbeit, Jg. 1929, Heft 11 und 12.
Gurvitch, G. (Hg.): Industrialisation et Technocratie. Paris 1949.
Hubbard, L. E.: Soviet Labour and Industry. London 1942.
Kluth, H., Lohmar, U., Tartler, R.: Arbeiterjugend — gestern und heute. Heidelberg 1955.
Kuczynski. J.: Die Geschichte der Lage der Arbeiter in Deutschland. 6. Aufl. Berlin 1954.
Mayo, E.: The Human Problems of an Industrial Civilization. 2. Aufl. Boston 1946.
Naville, P.: Essay sur la Qualification du travail. Paris 1956.
Naville, P.: De l'aliénation à la jouissance. Paris 1957.
Neuloh, O.: Die durchlaufende Arbeitsweise. Tübingen 1961.
Pollock, F.: Automation. Frankfurt 1956.
Popitz, H., Bahrdt, H. P., Jüres, E. A., Kesting, H.: Technik und Industriearbeit. Tübingen 1957.
Popitz, H., Bahrdt, H. P., Jüres, E. A., Kesting, H.: Das Gesellschaftsbild des Arbeiters. Tübingen 1957.
Scharmann, Th.: Arbeit und Beruf. Tübingen 1956.
Schelsky, H.: Arbeitslosigkeit und Berufsnot der Jugend. Köln 1952.
Schelsky, H.: Die sozialen Folgen der Automatisierung. Düsseldorf-Köln 1957.
Thielicke, H. und Pentzlin, K.: Mensch und Arbeit im technischen Zeitalter. Tübingen 1954.
Unser Verhältnis zur Arbeit — Eine Vortragsreihe. Stuttgart 1960.
Wurzbacher, G.: Die junge Arbeiterin. München 1958.
Zweig, F.: Labour, Life and Poverty. London 1948.
Zweig, F.: The British Worker, Penguin Books 1952.

F. Industrieller Konflikt und Industrielle Beziehungen

Atteslander, T.: Konflikt und Kooperation im Industriebetrieb. Köln-Opladen 1959.
Blumenthal, W. M.: Die Mitbestimmung in der deutschen Stahlindustrie. Bad Homburg 1960.
Briefs, G.: Zwischen Kapitalismus und Syndikalismus. Bern 1952.
Cassau, Th.: Die Gewerkschaftsbewegung, ihre Soziologie und ihr Kampf. 2. Aufl. Berlin 1930.
Cole, G. D. H.: An Introduction to Trade Unionism. London 1953.
Florence, P. S.: Labour, London 1949.
Galenson, W. und Lipset, S. M. (Hg.): Labor and Trade Unionism. New York-London 1960.
Golden, C. S. und Ruttenberg, H.: Dynamics of Industrial Democracy. New York 1942. (Dt.: Die Dynamik der industriellen Demokratie. Graz o. D.).
Goldstein, J.: The Government of British Trade Unions. London 1952.
Gouldner, A. W.: Wildcat Strike. London 1955.
Grothe, H.: Der Streik, Taktik und Strategie. Köln 1952.
Kahn-Freund, O.: Das soziale Ideal des Reichsarbeitsgerichts. Mannheim 1931.
Kellner, W.: Der moderne soziale Konflikt. Stuttgart 1961.
Knowles, K. G. J. C.: Strikes. London 1953.
Kornhauser, W., Dubin, R. und Ross, A. M.: Industrial Conflict. New York 1955.
Lechtape, H.: Die deutschen Arbeitgeberverbände. Berlin 1926.
Lipset, S. M.: Union Democracy, Glencoe 1956.
Mausolff, A.: Gewerkschaft und Betriebsrat im Urteil der Arbeitnehmer. Darmstadt 1952.
Millis, H. A. und Montgomery, R. W.: Organized Labor. New York 1945.
Mills, C. W. und Schneider, H.: The New Men of Power, Americas Labor Leaders. New York 1948.
Neuloh, O.: Die deutsche Betriebsverfassung und ihre Sozialformen bis zur Mitbestimmung. Tübingen 1955.
Ortlieb, H. D. und Schelsky, H. (Hg.): Wege zum sozialen Frieden. Stuttgart-Düsseldorf 1954.
Philip, H.: La Democratie industrielle. Paris 1957.
Pirker, Th.: Die blinde Macht. München 1960.
Reitzenstein, I. von: Solidarität und Gleichheit. Berlin 1961.
Ross. A. M. und Hartmann, P. T.: Changing Patterns of Industrial Conflict. New York-London 1960.
Schiefer, J.: Geschichte der deutschen Gewerkschaften. Aachen 1948.
Scott, W.: Industrial Democracy. Liverpool 1954.
Selekmann, B. M.: Labor Relations and Human Relations. New York 1947.
Sheppard, H. L.: Approaches to Conflict in American Industrial Sociology. In: British Journal of Sociology V/4, Dezember 1954.
Slichter, S. H.: Union Policies and Industrial Management. Washington 1941.
Technische Entwicklung und betriebliche Konflikte, in: Soziologie und moderne Gesellschaft. Verhandlungen des XIV. Deutschen Soziologentages. Stuttgart 1960.
Weber, A.: Der Kampf zwischen Kapital und Arbeit. 2. Aufl. Tübingen 1954.

G. Industrie und Gesellschaft

Beckerath, H. von: Der moderne Industrialismus. Jena 1930.

Brepohl, W.: Industrievolk im Wandel von der agraren zur industriellen Daseinsform. Tübingen 1957.
Burnham, J.: The Managerial Revolution. New York 1951. (Dt.: Das Regime der Manager. Stuttgart 1948.)
Chase, S.: Men and Machines. New York 1937.
Chase, S.: Roads to Agreement. New York 1951. (Dt.: Wege zur Verständigung. Frankfurt o. D.)
Croon, H. und Utermann, K.: Zeche und Gemeinde. Tübingen 1958.
Davis, J.: Capitalism and Its Culture. New York 1955.
Drucker, P.: The New Society. Lonndon 1951. (Dt.: Gesellschaft am Fließband. Frankfurt 1952.)
Gehlen, A.: Sozialpsychologische Probleme in der industriellen Gesellschaft. Tübingen 1949.
Goldschmidt, D.: Stahl und Staat. Stuttgart-Düsseldorf 1957.
Gross, H.: Manager von morgen. Düsseldorf 1949.
Grundriß der Sozialökonomik; II. Abteilung (Die natürlichen und technischen Beziehungen der Wirtschaft, 1923), III. Abteilung (M. Weber: Wirtschaft und Gesellschaft, 1923), IX. Abteilung (Das soziale System des Kapitalismus, 1926/7).
Heimann, E.: Wirtschaftssysteme und Gesellschaftssysteme. Tübingen 1954.
Hoffmann, W. G. (Hg.): Beiträge zur Soziologie der industriellen Gesellschaft. Dortmund 1952.
Jünger, F. G.: Die Perfektion der Technik. 2. Aufl. Frankfurt 1949.
Lynd, R. und H.: Middletown. New York 1929.
Lynd, R. und H.: Middletown in Transition. New York 1937.
Mayntz, R.: Soziale Schichtung und sozialer Wandel in einer Industriegemeinde. Stuttgart 1959.
Mayo, E.: The Social Problems of an Industrial Civilization. London 1946. (Dt.: Probleme industrieller Arbeitsbedingungen. Frankfurt 1950.)
Moore, W. E.: Economy and Society. New York 1955.
Nicolai, A.: Comportement Economique et Structures Sociales. Paris 1960.
Rosen, S. M. und L.: Technology and Society. New York 1941.
Soule, G.: Mehr Zeit zum Leben. Frankfurt.
Tannenbaum, F.: A Philosophy of Labor. New York. (Dt.: Eine Philosophie der Arbeit. Nürnberg 1954.)

Personenregister

Sachregister

FSC
www.fsc.org
MIX
Papier | Fördert gute Waldnutzung
FSC® C083411

Kolibri 360 GmbH
Ferdinand-Jühlke-Straße 7
99095 Erfurt, Deutschland
produktsicherheit@kolibri360.de